作者的话

寒冬里在家也会感觉冰冷。
一起用毛线钩织各式各样的坐垫，让身心都暖暖的吧。
本书共向您介绍了 33 款赏心悦目、质感舒适的圆形、方形和花朵形状坐垫。
同种花形还可以采用不同颜色的线来编织。
完成一个，您一定会爱不释手的，快来感受下钩编坐垫的魅力吧。

圆形、方形和花朵形状

暖意浓浓的钩编坐垫

日本 E&G CREATES　编著
盛　莉　译

河南科学技术出版社
·郑州·

图书在版编目(CIP)数据

暖意浓浓的钩编坐垫/日本E&G CREATES编著；盛莉译.—郑州：河南科学技术出版社，2015.6
ISBN 978-7-5349-7680-3

Ⅰ.①暖… Ⅱ.①日… ②盛… Ⅲ.①钩针－编织－图集 Ⅳ.①TS935.521-64

中国版本图书馆CIP数据核字(2015)第094245号

出版发行：河南科学技术出版社
地址：郑州市经五路66号　　邮编：450002
电话：(0371) 65737028　65788613
网址：www.hnstp.cn
策划编辑：李　洁
责任编辑：孟凡晓
责任校对：耿宝文
责任印制：张艳芳
印　　刷：北京盛通印刷股份有限公司
经　　销：全国新华书店
幅面尺寸：210 mm × 257 mm　　印张：4　　字数：100千字
版　　次：2015年6月第1版　　2015年6月第1次印刷
定　　价：35.00元

如发现印、装质量问题，影响阅读，请与出版社联系并调换。

目录

鸢尾花样方形坐垫

A

p.28

B

p.29

玫瑰花花形坐垫

A

p.32

B

p.32

山茶花花形坐垫

p.33

雏菊花形坐垫

A

p.36

B

p.36

朱顶兰花形坐垫

p.37

绣球花花形坐垫

A

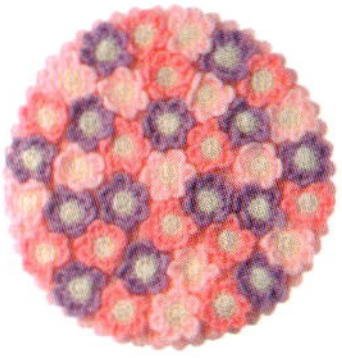

p.40

B

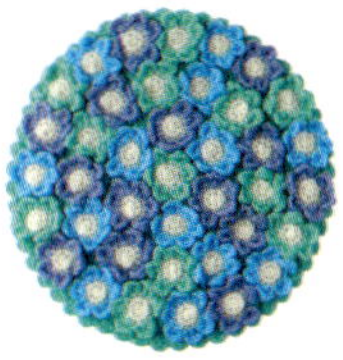

p.41

苹果圆形坐垫

A

p.44

B

p.44

草莓方形坐垫

p.45

菱格花纹方形坐垫

A

p.48

B

p.49

雪花花样方形坐垫

A

p.52

B

p.52

雪花花样圆形坐垫

A

p.53

B

p.53

* 书中所呈现的线的颜色与所示色号可能存在色差。
* 在要点详解的图片中，为了让读者看得更加直观，有时会特意更换线的粗细和颜色。

* 有关本书的问题请咨询 E & G CREATES。
电话 0422－55－5460　受理时间 13:00 ~ 17:00（周末及节假日除外）
电子信箱eg@eandgcreates.com
官网 http://eandgcreates.com

基础教程

＊卷针缝连接・挑半针时

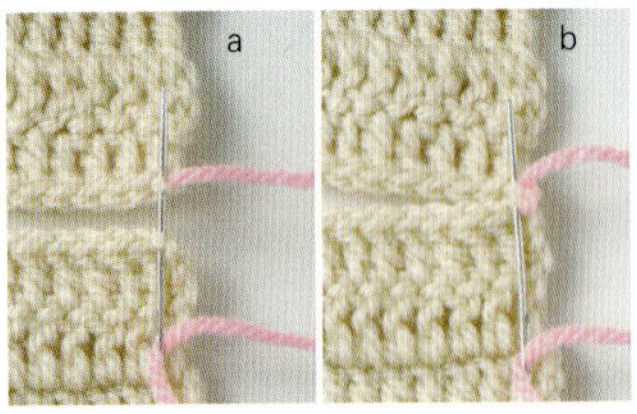

1 将织片正面朝上，2 片织片如图对齐，在两织片边缘的头针内侧半针（1 根线）入针（图 a）。为避免编织起点和终点一侧的针目散开，要再次按照相同方法在同一针目入针再连接（图 b）。

2 按照箭头所示方向，在相对的针目头针的内侧半针处入针，再逐步缝合。

3 为使织片平整，每一针都要将线拉紧再继续缝合。图为已缝合几针的状态。

・挑全针时

挑全针时，第 1 步的要领同挑半针的步骤 1，再按照箭头所示方向将 2 片织片相对的头针的全针（2 根线）一一挑起后再缝合拉紧。

＊短针连接

1 将 2 片织片正面对齐，在一端的针目入针，挂线后引出，再挂线（图 a），编织 1 针立起的锁针（图 b）。在同一针目内再编织 1 针短针。

2 图为织完 1 针短针的状态。在相对的针目的头针处按照箭头所示方向入针。

3 在针上挂线，再引出线，再在针上挂线，如图，线自 2 个线圈一次性引拔出。

4 重复步骤 2、3，逐针编织 1 针短针将其连接。

要点详解

圆形花朵坐垫　作品…p.12、p.13　编织方法…p.14

＊在基底的花片上编织花瓣的方法　※本图示以小基底为例。

1 在基底花片的第 1 行的内侧半针入针，在针上挂线后引出线（图 a），再次挂线，编织 1 针立起的锁针（图 b）。

2 在同一半针内入针，编织 1 针短针。

3 编织 3 针锁针，按照箭头所示方向将下一针的内侧半针挑起后编织短针。

4 重复步骤 3，继续编织第 1 行的花瓣。

5 因为第 2 行是用与第 1 行同色的线编织的，所以第 1 行编织完后，在第 2 行编织起点一针的内侧半针入针，挂线后按照箭头所示方向引出，再将第 1 行的线拉至第 2 行继续编织。第 2 行的花瓣编织方法同第 1 行。

6 因为第 3 行线要换色，因此要参照步骤 1 重新接线，同步骤 1、2 编织立起的锁针和短针。“编织 2 针锁针，在针上挂线，按照箭头所示方向在下一针内侧半针处入针，再编织长针”。

7 图为编织完长针的状态。接着编织 2 针锁针，按照箭头所示方向在下一针内侧半针处入针，编织 1 针短针。

8 图为编织完第 3 行 1 个花样的状态。重复步骤 6 “” 内和步骤 7 继续编织第 3 行。第 3 行以后的编织方法同第 3 行。

向日葵花形坐垫 作品…p.24 编织方法…p.26

＊花瓣（边缘编织的第 3 行）的编织方法

1 第 2 行的 9 针锁针的线圈全部编织好后，在线圈上继续编织花瓣。首先在最后的线圈中央的针目（第 1 行的 3 针中最中间的 1 针）内入针，挂线后按照箭头所示方向引出，再挂线，接着编织 1 针立起的锁针和 1 针短针。

2 图为编织完 1 针立起的锁针和 1 针短针的状态。接着按照箭头所示方向将线圈成束挑起，再按照符号图继续编织花瓣。

3 在下一个线圈的中央针目（3 针中最中间的 1 针）内编织 1 针短针。1 片花瓣即完成。

4 接着编织 4 针锁针，再将织片翻至反面，在前一个线圈（现在所编织的花瓣的线圈）中央的针目（第 1 行的 3 针中最中间的 1 针）内编织 1 针短针。

5 将 4 针锁针渡线至花瓣反面。将织片翻回正面，第 2 片花瓣也同样按照步骤 2，按照箭头所示方向将下一个线圈成束挑起再继续编织。

6 图为第 2 片花瓣编织完的状态。先编织完的花瓣要重叠在后编织完的花瓣上继续编织。重复步骤 3～5 继续编织花瓣（第 2 片以后，编织完 4 针锁针后，要在前一片花瓣的短针处引拔再继续编织花瓣）。

7 倒数第 2 片花瓣编织好后，在第 1 片花瓣的短针处引拔，接着参见步骤 4、5 编织最后的花瓣。

8 最后的 1 片花瓣编织好后，在第 2 片花瓣的短针处入针，挂线后按照箭头所示方向引拔出。最后的花瓣要重叠在第 1 片花瓣上编织。

9 图为花瓣全部编织完的状态。

鸢尾花样方形坐垫 作品…p.28、p.29 编织方法…p.30

＊花片的连接方法

1 编织花朵，编织到连接叶子的内侧时，在花朵指定的短针的头针处按照箭头所示方向入针。

2 在针上挂线，按照箭头所示方向引出线（图 a）。引拔后，花朵与叶子就连接起来了（图 b）。

3 编织叶子剩下的针目，图为花朵与叶子相连的状态。其他花片的连接要领与此相同。编织到连接部分后，在连接处的头针处入针，编织引拔针相连接。

雪花花样方形坐垫 作品…p.52 编织方法…p.54

＊流苏的制作方法

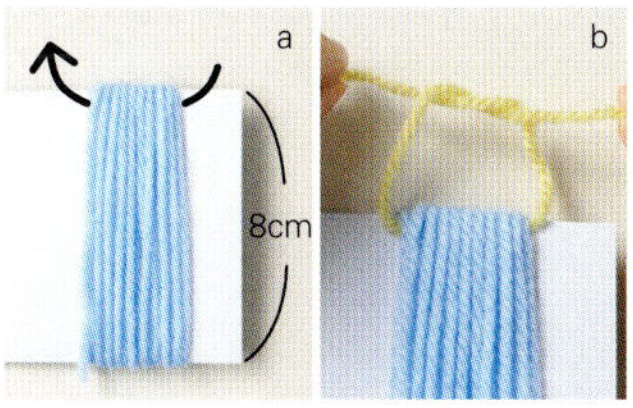

1 在硬纸板上绕线 20 圈，按照图 a 箭头所示方向从环中穿过同色线并系紧（图 b 是为了展示得更清楚而采用了不同颜色的线进行说明）。

2 将线脱离硬纸板，在距顶部 1.5cm 处用同色线系住。

3 将系紧的线头穿针，再将针按照箭头所示穿入流苏中间。

4 用剪刀剪开线圈，将长度整理齐即可。

菱格花纹方形坐垫 作品…p.48、p.49 编织方法…p.50

＊长针的正拉针的花样编织的方法

· 长针的正拉针的右上交叉（中间 1 针锁针）

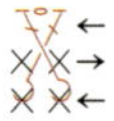

1 在针上挂线，按照箭头所示方向从上上一行短针的尾针前侧入针，再编织 1 针长针。

2 编织 1 针锁针，在针上挂线，按照箭头所示方向，将步骤 1 所编织长针的前一针短针的尾针挑起后再编织 1 针长针。

3 图为长针的正拉针的右上交叉（中间 1 针锁针）完成的状态。

· 长针的正拉针 2 针与变化的长针 2 针的左上交叉

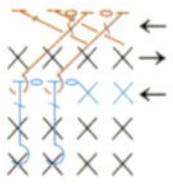

1 在针上挂线，按照箭头 1 所示方向将上上一行的长针的正拉针的尾针挑起后再编织长针。

2 编织 1 针锁针，按照步骤 1 中箭头 2 所示方向，将上上一行的长针的正拉针的尾针挑起后再编织长针。图为编织完 2 针长针的正拉针的状态。继续编织 1 针锁针。

3 将标记 1 的●处前一行的短针的头针挑起后编织长针。同时，从步骤 1、2 先编织好的长针的正拉针的后侧入针再挑针。接着在标记 2 的●处的针目上也编织长针。

4 图为长针的正拉针 2 针与变化的长针 2 针的左上交叉完成的状态。

· 长针的正拉针 2 针与变化的长针 2 针的右上交叉

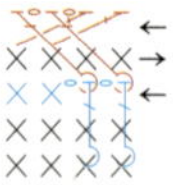

1 在前一行针目的前 3 针短针的头针内，按照箭头 1 所示方向入针再编织长针。接着在下一针目的头针内按照箭头 2 所示方向入针，再编织长针。

2 编织 1 针锁针，将上上一行长针的正拉针的尾针按照箭头 1 所示方向挑起后再编织长针。接着编织 1 针锁针，同样将相邻的长针的正拉针的尾针按照箭头 2 所示方向挑起后，再编织长针。

3 图为长针的正拉针 2 针与变化的长针 2 针的右上交叉完成的状态。

· 长针 4 针的爆米花针

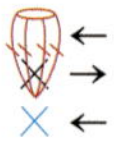

1 在针上挂线，在上上一行的短针内按照箭头所示方向入针，编织 4 针长针。

2 图为在同一针目内编织完 4 针长针的状态。

3 第 4 针长针编织好后，将线暂时脱针，在第 1 针长针的头针内入针。

4 将针插入刚才脱针的线圈内，按照箭头所示方向直接引拔出线圈。

5 编织 1 针锁针，拉紧线。

6 图为长针 4 针的爆米花针完成的状态。

・长针的正拉针的花样编织

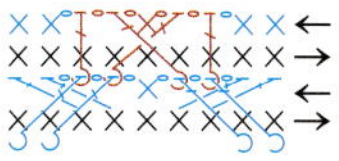

7 图为长针 4 针的爆米花针编织完 4 个的状态。

1 从上上一行的长针的正拉针的尾针处按照箭头 1 所示方向入针，编织长针（图为完成的状态）。接着编织 1 针锁针，在针上挂线，从上上一行的长针的正拉针的尾针处按照箭头 2 所示方向入针，编织长针。

2 图为第 2 针长针的正拉针完成的状态。

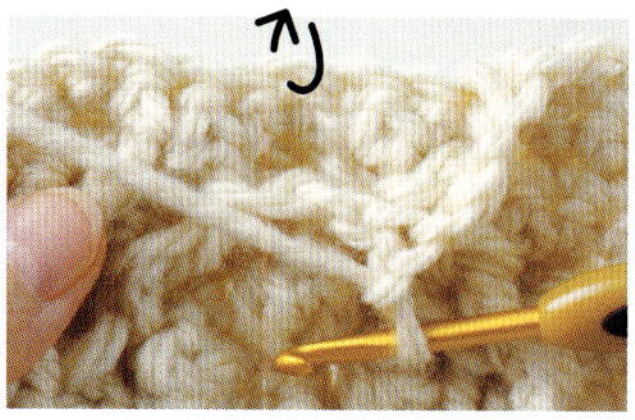

3 编织 1 针锁针，从前一行的短针的头针处按照箭头所示方向入针，再编织短针。

4 编织 1 针锁针，在针上挂线，从上上一行的长针的正拉针的尾针处按照箭头所示方向入针，再编织长针。

5 编织 1 针锁针，在针上挂线，从上上一行的长针的正拉针的尾针处按照箭头所示方向入针，再编织长针。

6 长针的正拉针编织好后，花样编织即可完成。

7 图为 1 个花样完成的状态。

雪花花样圆形坐垫 作品…p.53 编织方法…p.55

＊短针的条纹针的织入花样的编织方法

1 编织第 4 行的第 1 针，在织入配色线前的 1 针未完成的短针（请参见 p.61）编织完后，按照箭头所示方向将配色线引出。

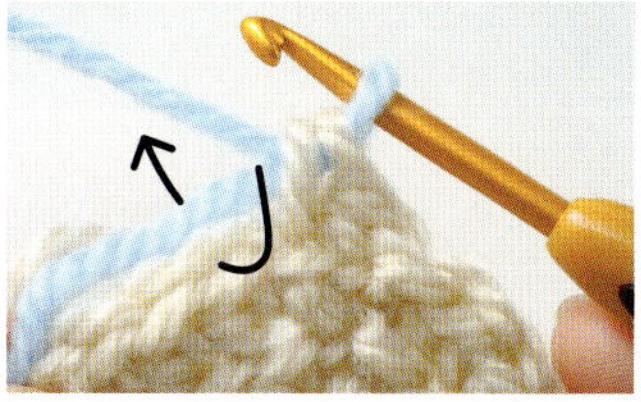

2 图为编织线换成配色线的状态。换编织线编织时，在织入前一针的最后换线。接下来用配色线按照箭头所示方向从前一行针目的外侧半针入针。

3 为了将底色线与配色线开始编织时的线头包裹进去，在针上挂线后引出。再次在针上挂线后，再按照箭头所示方向引出。

4 图为用配色线编织完 1 针短针的条纹针的状态。要用配色线编织第 2 针，在同一半针内按照箭头所示方向入针。

5 配色线的换线方法也与步骤 1 相同，最后用底色线引拔后换线。再还原成底色线时，也要在未完成的短针的最后换线后再引拔出。

6 图为编织线换成底色线的状态。按照相同要领，将编织线交叉换成配色线与底色线后继续编织。

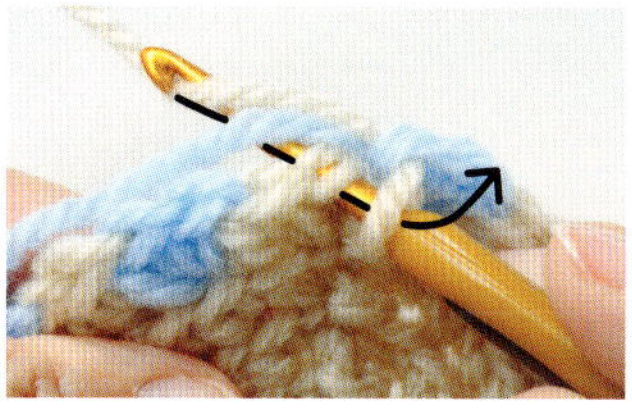

7 第 4 行编织终点的引拔要先将前一针所编织的线换成底色线后，在最开始的短针内入针，将底色线挂在针上再按照箭头所示方向引拔。

8 图为引拔后，第 4 行编织完的状态。第 5 段开始编织的线已经换成底色线。

蓬松的圆形坐垫

用爆米花针编织而成的肉乎乎的圆形织片，自由搭配不同颜色的线，可以营造出完全不同的感觉哦。

同样的坐垫用本白色单色线编织，又给人
一种纯净、自然的简约之感。

C

蓬松的圆形坐垫　作品…A、B/p.8 C/p.9

＊ 所需材料

A **线** 藤久 VISTER COLORFUL MATE / 71（藏青色）…165g、62（红色）…40g、68（灰色）…20g

B **线** 藤久 VISTER COLORFUL MATE / 68（灰色）…145g、58（淡蓝色）…70g、52（本白色）…35g

C **线** 藤久 VISTER COLORFUL MATE / 52（本白色）…225g

钩针 7/0 号针

完成尺寸 直径 34cm

＊ 编织方法 A、B、C 通用

1. 用线头环形起针，分别编织前、后片主体部分。
2. 将前、后片主体部分正面朝外叠合，用后片主体部分颜色的线，将最后一行（后片长针的针目与前片短针的针目）以挑全针的卷针缝连接（请参见 p.4）。

※ A、B、C通用

主体部分•前片

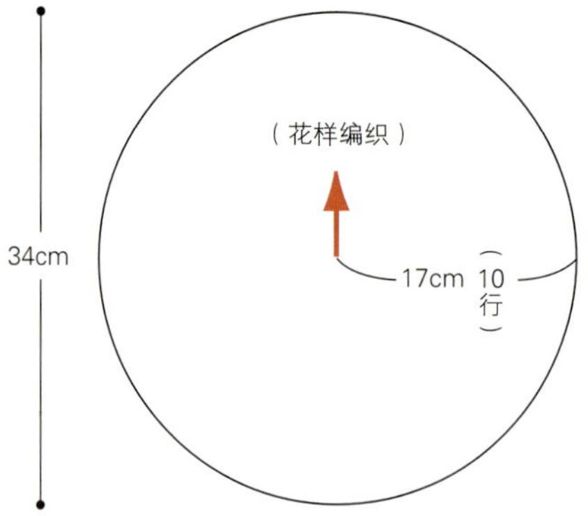

主体部分•后片

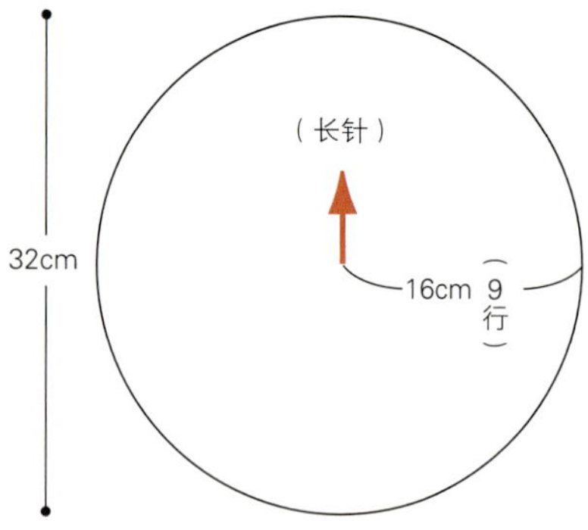

主体部分•后片

（长针）

A 藏青色
B 灰色
C 本白色

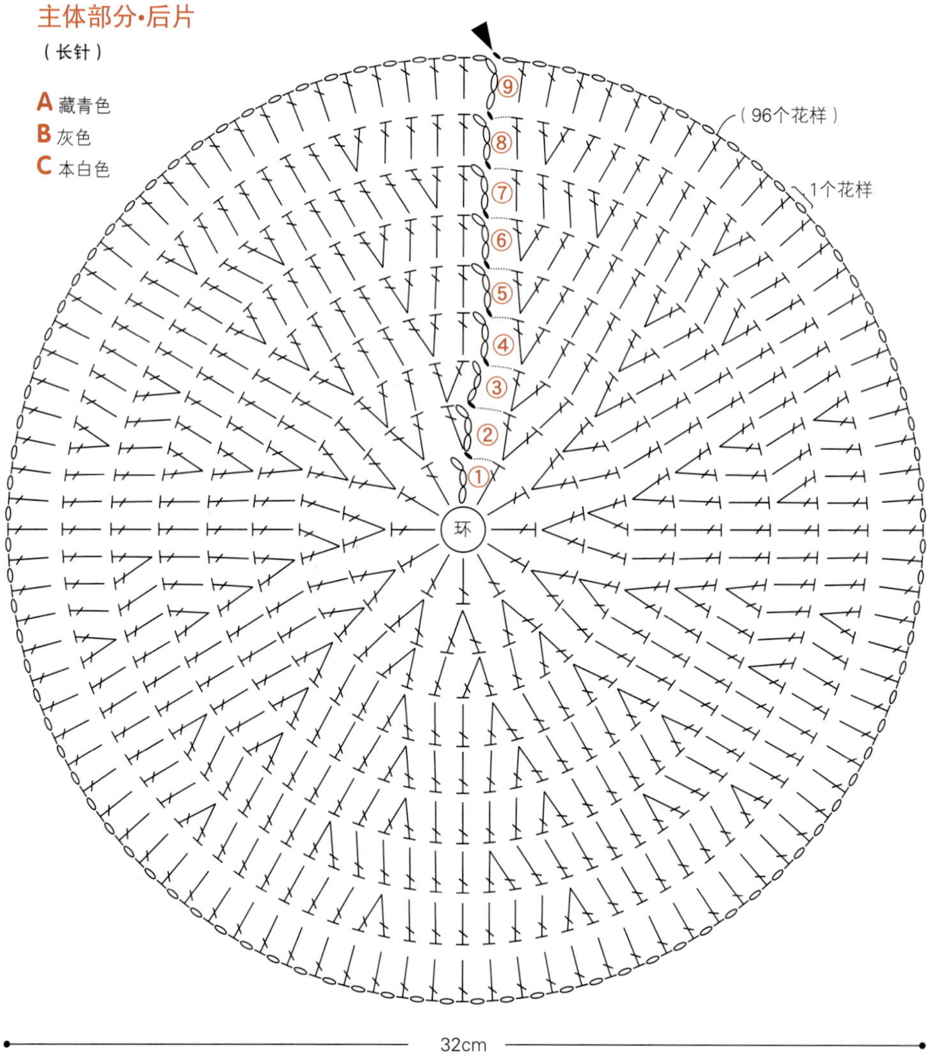

主体部分•后片加针

行数	针数	加针数
9行	96个花样	
8行	96针	每行加针12针
7行	84针	
6行	72针	
5行	60针	
4行	48针	
3行	36针	
2行	24针	
1行	12针	

主体部分·前片配色表

行数	A	B
10行	藏青色	灰色
9行		
8行		淡蓝色
7行	灰色	本白色
6行	红色	灰色
5行		淡蓝色
4行	灰色	本白色
3行	藏青色	淡蓝色
2行		本白色
1行		

※ C为本白色

整理方法

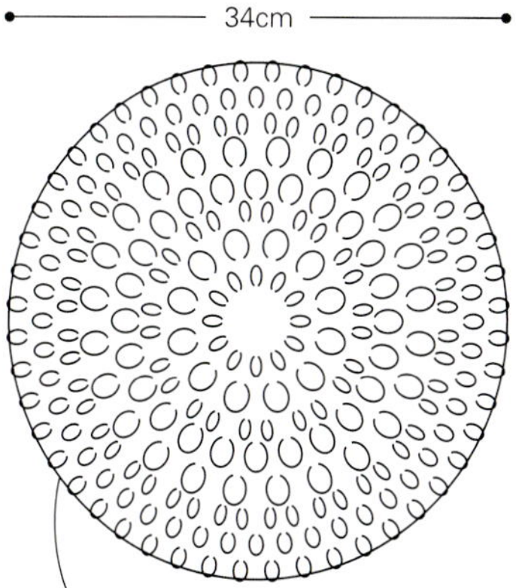

将前、后片主体部分正面朝外叠合，用后片主体部分颜色的线，将最后一行（后片长针的针目与前片短针的针目）以挑全针的卷针缝连接（请参见p.4）

主体部分·前片

（花样编织）

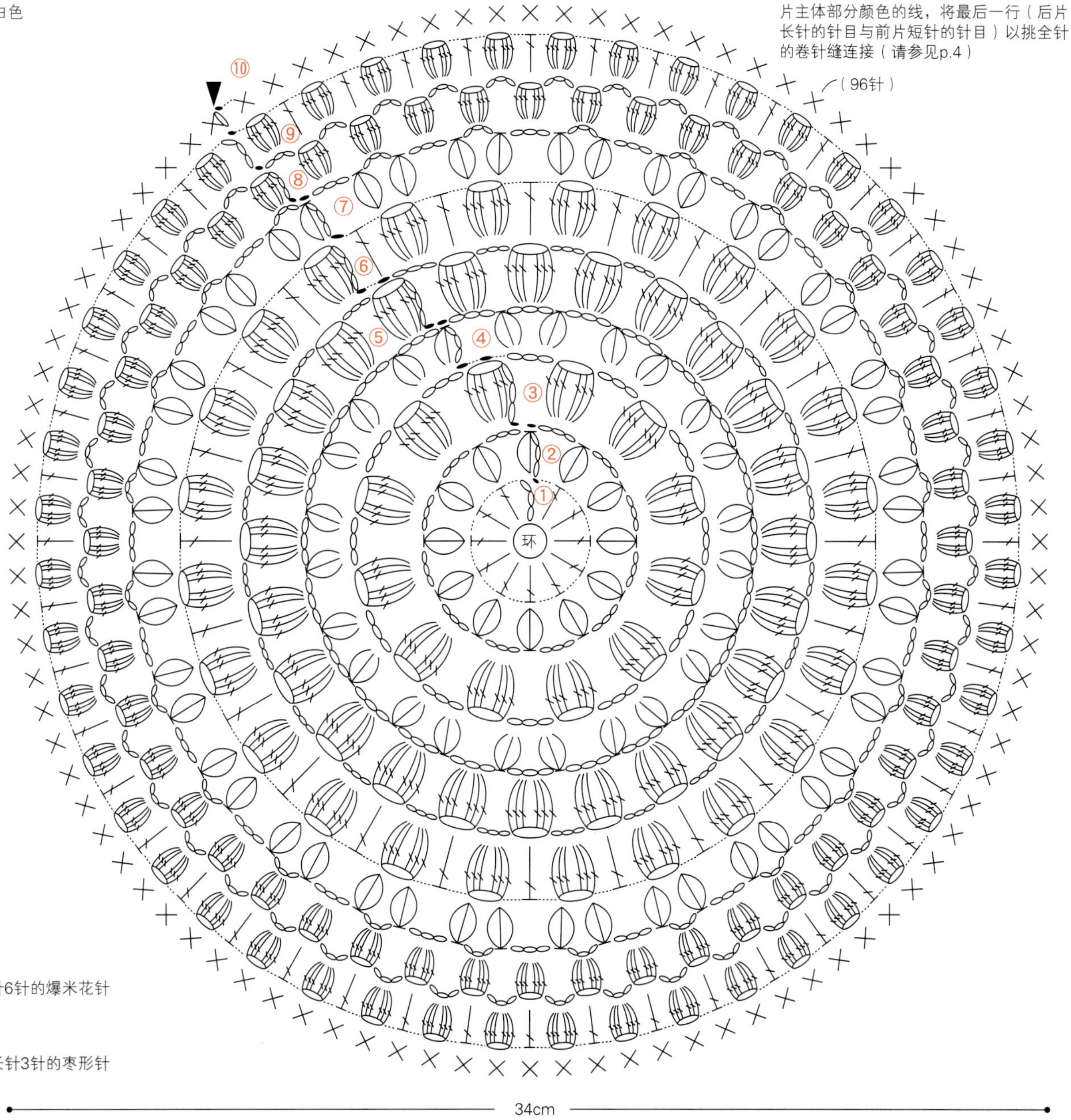

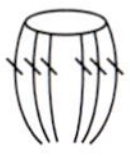 = 长针6针的爆米花针

 = 中长针3针的枣形针

编织方法…p.14　要点详解…p.4　设计、编织…松本薰

圆形花朵坐垫

仿佛小花围绕着大花朵竞相开放般的圆形坐垫。华丽而具立体感的花瓣真的好美！

A

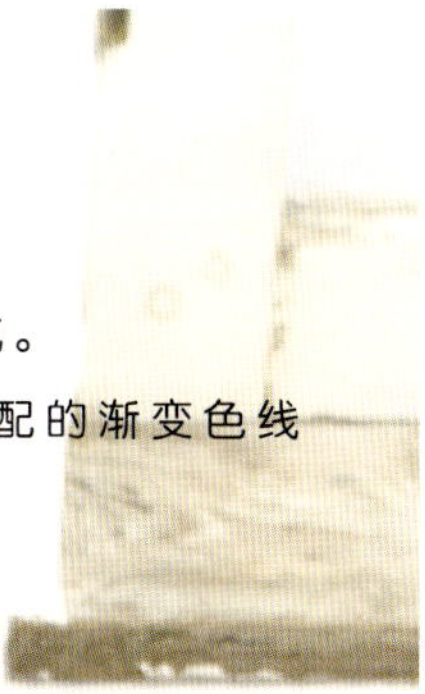

花瓣采用同色系的渐变色线编织而成。
您也可以采用与您的房间基调相搭配的渐变色线来试试看哦。

B

圆形花朵坐垫　作品…A/p.12 B/p.13　要点详解…p.4

＊ 所需材料

A 线　HAMANAKA　HAMANAKABONY/464（胭脂红色）…110g、474（粉色）…75g、450（深红色）…15g

B 线　HAMANAKA　HAMANAKABONY/434（橙色）…110g、433（浅橙色）…75g、414（深橙色）…15g

钩针　7.5/0号针

完成尺寸　直径38cm

＊ 编织方法　A、B通用

1 用线头环形起针，分别编织大、小基底。

2 将基底的条纹针所剩的内侧的半针挑起，将花瓣编织在基底上（请参见p.4）。

3 参见整理方法，将相邻的基底以挑全针的卷针缝连接（请参见p.4）。花瓣倒至内侧使其挺立，更具立体感。

大基底

A 胭脂红色　1片

B 橙色　1片

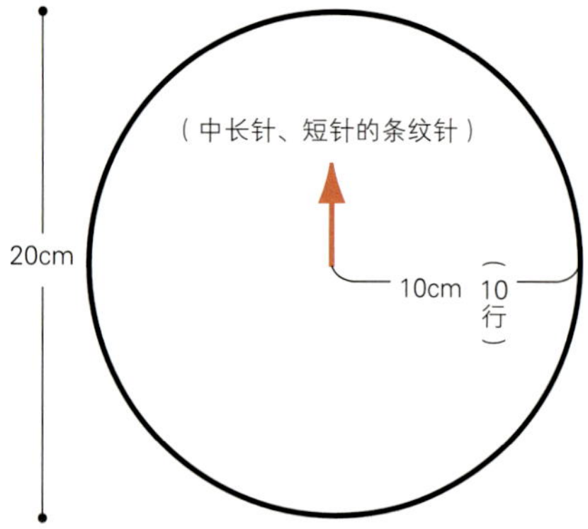

小基底

A Ⓐ＝胭脂红色　Ⓑ＝粉色　各5片

B Ⓐ＝橙色　Ⓑ＝浅橙色　各5片

基底　大、小花片配置图

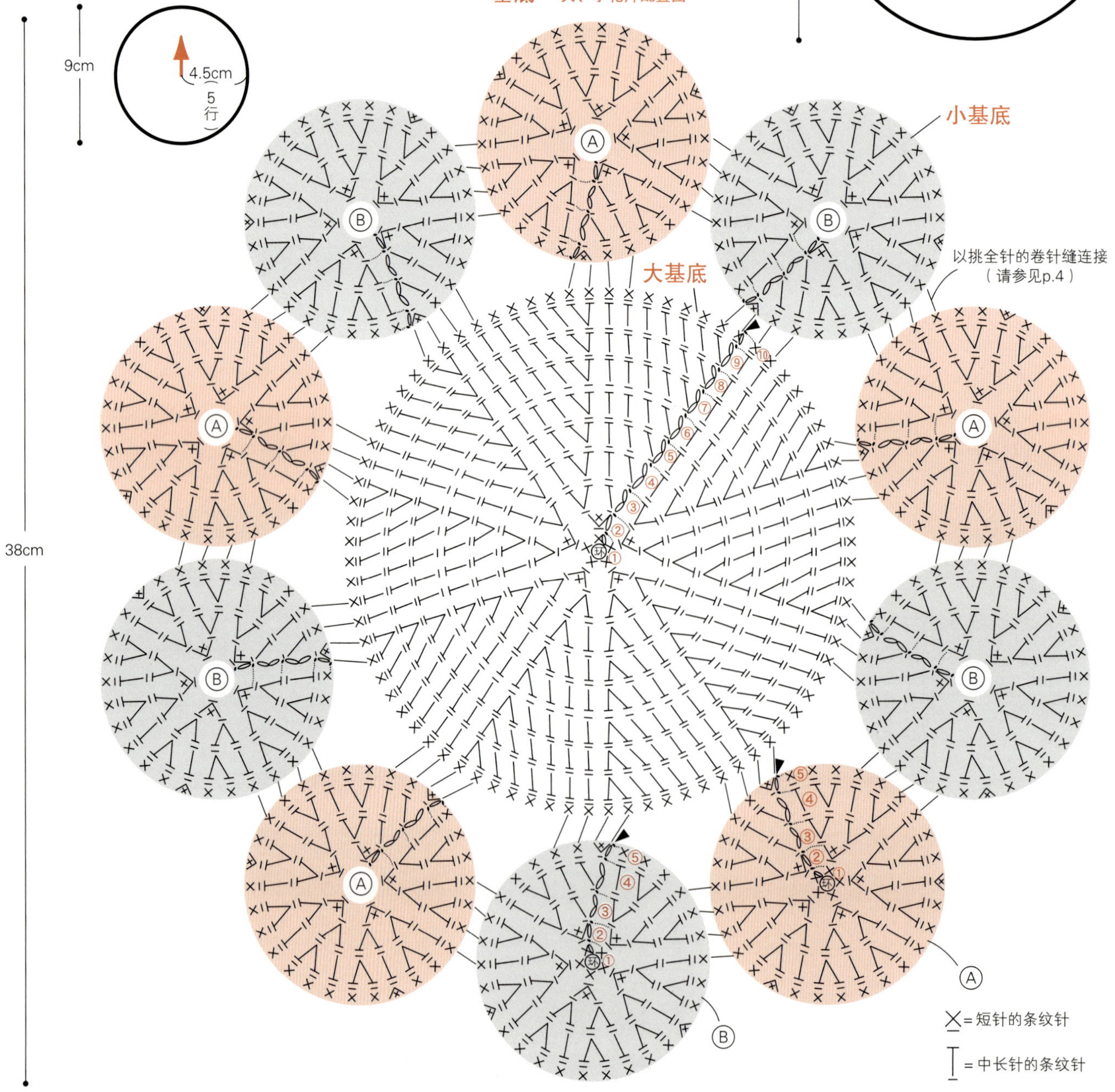

整理方法

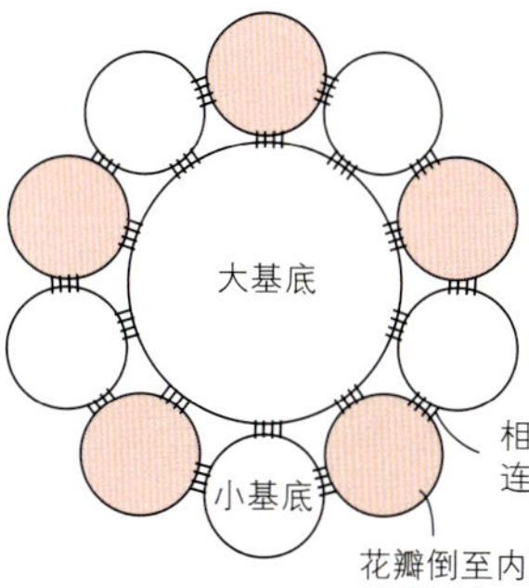

大基底的花瓣的配色

	A	B
8、9行	粉色	浅橙色
5~7行	胭脂红色	橙色
1~4行	深红色	深橙色

小基底的花瓣的配色

	A		B	
	a	b	a	b
3、4行	胭脂红色	粉色	橙色	浅橙色
1、2行	深红色	胭脂红色	深橙色	橙色

花瓣的编织方法

※编织在基底的条纹针所剩的内侧半针上（请参见p.4）。

第1、2行

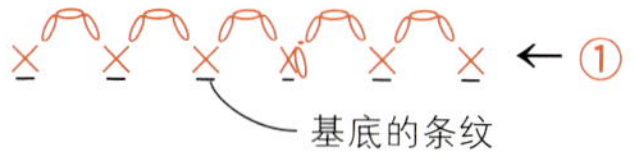

※第1行编织完后，将第1行的线拉至第2行继续编织（请参见p.4“在基底的花片上编织花瓣的方法”的步骤5）。

第3行及以后

※每一行都要接线编织。

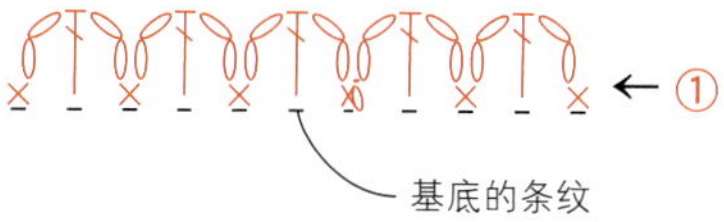

编织方法…p.18 设计、编织…川路由美子

A

花样方形坐垫

将花样组合拼接而成的方形坐垫。

完成后在四周编织一圈小花边会更加可爱哦！

色彩搭配不同，所呈现的表情是不是也不一样？
试着变换各种色彩进行编织吧，你一定会欲罢不能的。

花样方形坐垫　作品…A/p.16 B、C/p.17

＊ 所需材料

A 线 HAMANAKA HAMANAKABONY/424（蓝绿色）…125g、479（浅粉色）…35g、468（粉色）…35g、427（绿色）…25g、419（茶色）…5g

B 线 HAMANAKA HAMANAKABONY/471（淡蓝色）…125g、415（橙色）…35g、433（浅橙色）…35g、427（绿色）…25g、419（茶色）…5g

C 线 HAMANAKA HAMANAKABONY/417（米色）…125g、471（淡蓝色）…35g、407（薄荷绿色）…35g、427（绿色）…25g、419（茶色）…5g

钩针 8/0 号针

完成尺寸 边长 38cm

＊ 编织方法 A、B、C 通用

1. 用线头环形起针，编织后片的主体部分。
2. 用指定的配色线分别编织前片主体部分的花片 a 和花片 b。
3. 将花片以挑半针的卷针缝连接（请参见 p. 4）。
4. 将前、后片主体部分正面朝外对齐，2 片一起挑针进行边缘编织，将其连接起来（边缘编织第 1 行请参见 p. 4"短针连接"）。

主体部分·后片

（长针）

A 蓝绿色　B 淡蓝色　C 米色

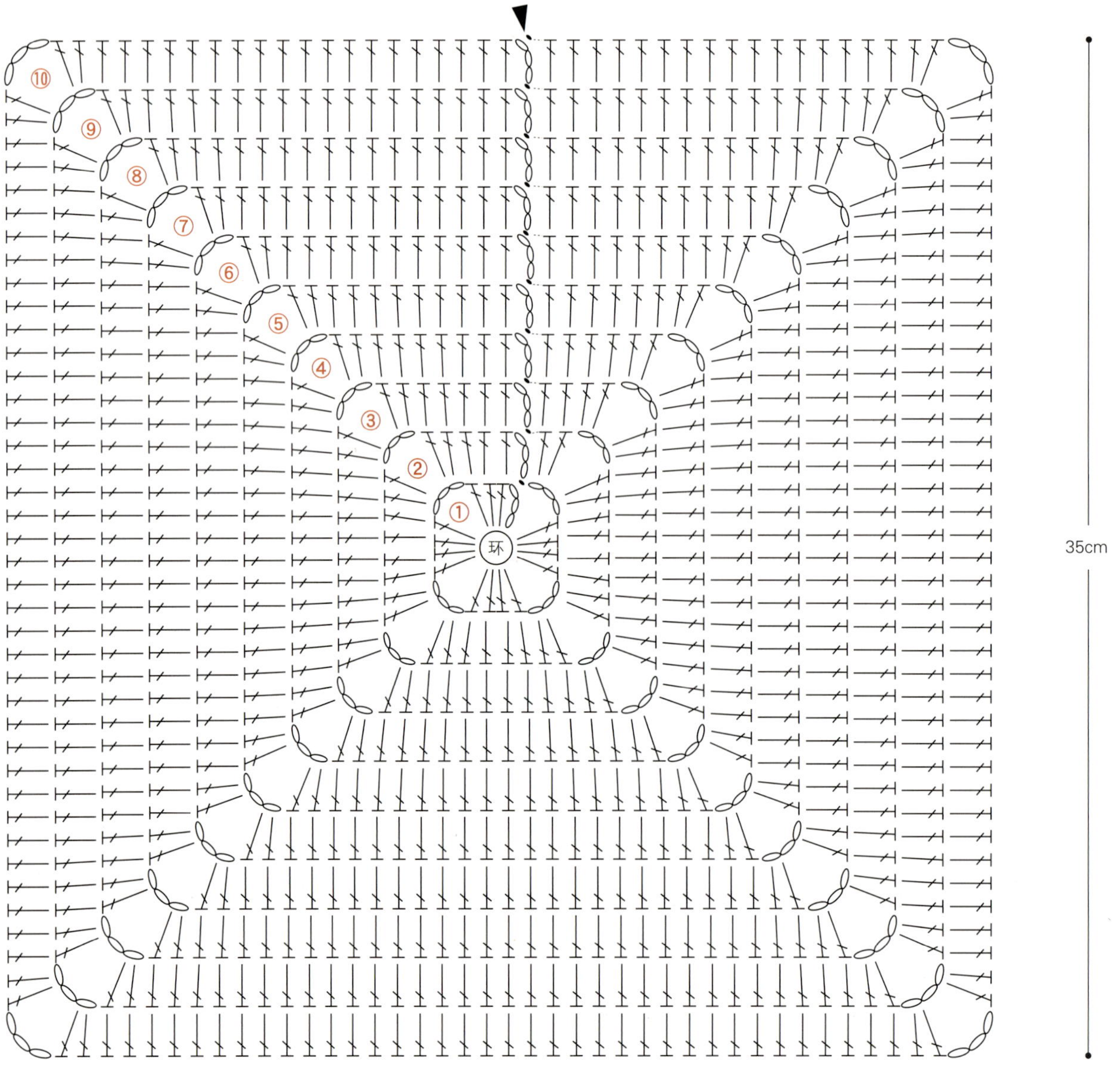

主体部分·前片

（花片连接）

第5行＝将第4行倒至前面，在第3行的短针上进行编织

边缘编织 A 蓝绿色 B 淡蓝色 C 米色

※将前、后片主体部分正面朝外对齐，进行边缘编织并将其连接起来（边缘编织第1行请参见p.4“短针连接”）。

花片 a、b的配色 a、b 各2片

作品	A		B		C	
花片	a	b	a	b	a	b
8行	蓝绿色		淡蓝色		米色	
7行	绿色		绿色		绿色	
6行	粉色	浅粉色	橙色	浅橙色	淡蓝色	薄荷绿色
2～5行	浅粉色	粉色	浅橙色	橙色	薄荷绿色	淡蓝色
1行	茶色		茶色		茶色	

整理方法

以挑半针的卷针缝连接（请参见p.4）

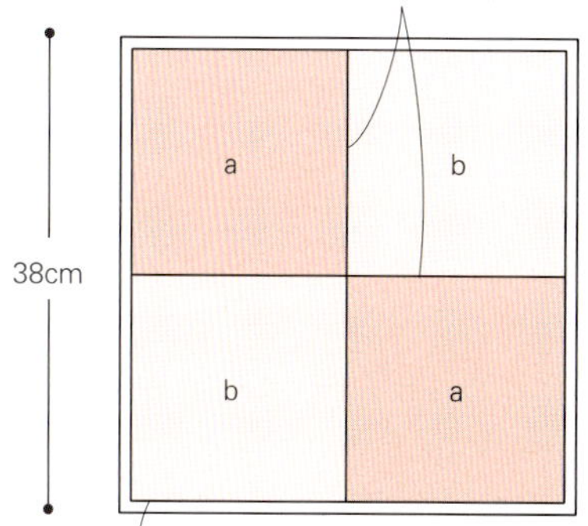

将前、后片主体部分正面朝外对齐，2片一起挑针进行边缘编织，将其连接起来（边缘编织第1行请参见p.4“短针连接”）

三色堇花形坐垫

这简直就像将真的三色堇放大了放在家中一般。
色彩分界处的锯齿花纹以及细节的精细处理真的可以以假乱真哦。

三种不同颜色的三色堇摆放在一起真的好可爱！

三色堇花形坐垫

作品…**A**/p.20、p.21 **B**、**C**/p.21

＊ 所需材料

A 线 HAMANAKA HAMANAKABONY/496（浅紫色）…85g、437（紫色）…40g、442（本白色）…25g、432（黄色）…少许

B 线 HAMANAKA HAMANAKABONY/432（黄色）…85g、473（蓝色）…40g、442（本白色）…25g

C 线 HAMANAKA HAMANAKABONY/487（浅蓝色）…85g、462（蓝色）…40g、442（本白色）…25g、432（黄色）…少许

钩针 8/0 号针

完成尺寸 直径 36cm

＊ 编织方法 **A**、**B**、**C** 通用

1 用线头环形起针，编织基底。

2 用线头环形起针，编织花瓣。此时请参见“花瓣的编织顺序”进行编织。

3 在基底上放置花瓣，花瓣的周围进行卷针缝，缝时注意避免缝线外露，再稍作整理即可。

基底

（长针） **A** 浅紫色 **B** 黄色 **C** 浅蓝色

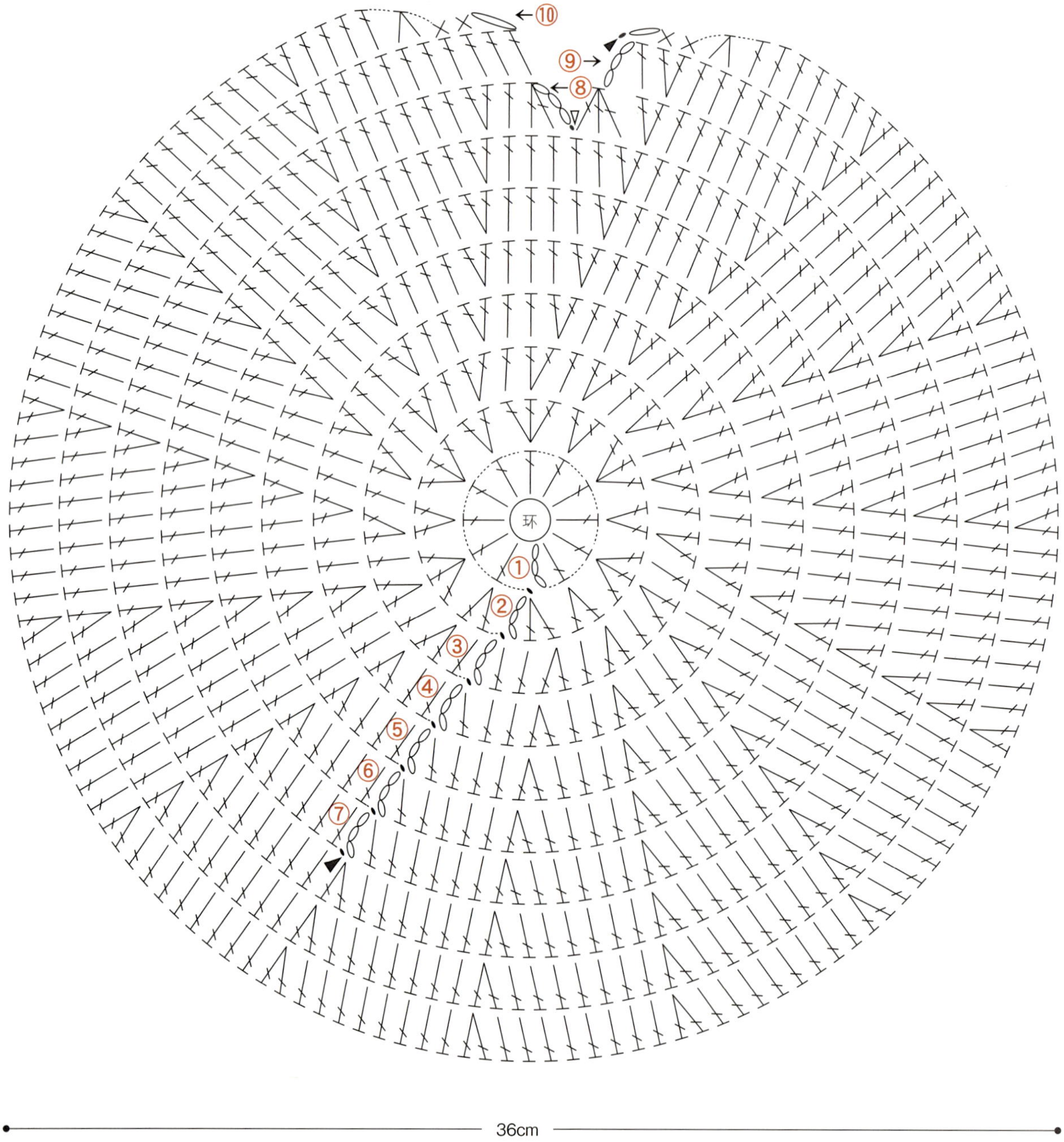

36cm

花瓣

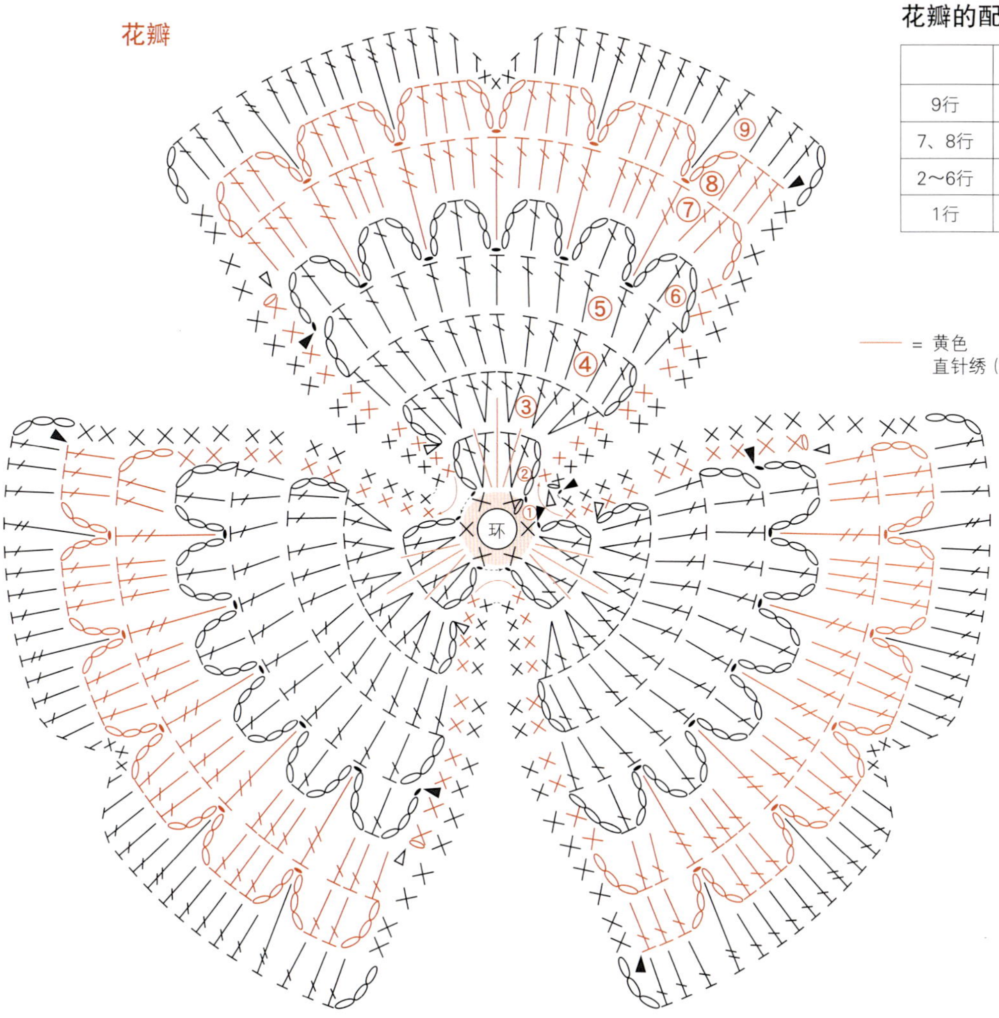

—— = 黄色
直针绣（请参见p.64）

31cm

花瓣的配色表

	A	B	C
9行	紫色	蓝色	蓝色
7、8行	本白色	本白色	本白色
2~6行	紫色	蓝色	蓝色
1行	黄色	黄色	黄色

整理方法

在基底上放置花瓣，花瓣的周围进行卷针缝，缝时注意避免缝线外露

A 紫色　**B** 蓝色　**C** 蓝色

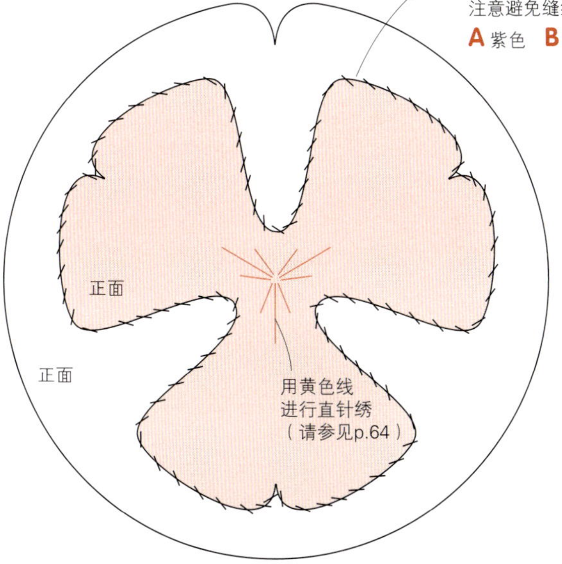

花瓣的编织顺序

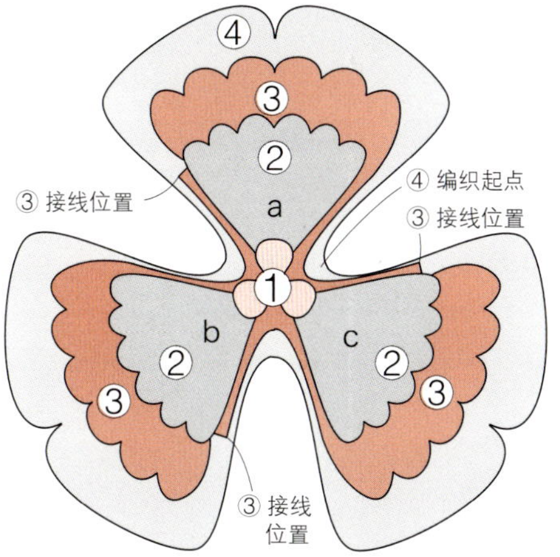

按①~④顺序进行编织

① 第1、2行…编织成环形。
② 第3~6行…a、b、c分别分成3处进行编织。
③ 在接线位置（上图所示）分别接线，完成边缘编织后，继续编织第7、8行。
④ 第9行…编织成环形。

编织方法…p.26　要点详解…p.5　设计、编织…松本薰

向日葵花形坐垫

规整重叠的花瓣好美！
向日葵花形坐垫，哪怕是作为夏日房间的一道装饰也非常合适！

编织方法…p.58　设计、编织…松本薰

大丽菊花形坐垫

美丽绽放的大丽菊，
层层叠加的片片花瓣，竞相媲美。

A

B

给花瓣做一点颜色上的浓淡处理，会更有味道哦！

向日葵花形坐垫

作品…p.24　要点详解…p.5

＊ 所需材料

线 藤久 VISTER COLORFUL MATE/87（黄色）…75g、86（米色）…65g、67（茶色）…55g

钩针 7/0 号针

完成尺寸 直径 36cm

＊ 编织方法

1 用线头环形起针，主体部分的后片编织长针，前片进行花样编织。

2 编织边缘编织第 1 行。第 1 行要先将主体部分的前、后片正面朝外对齐，2 片一起挑针，将 2 片连接起来再继续编织（请参见 p. 4）。

3 编织花瓣（边缘编织第 2、3 行）。边缘编织第 2 行编织锁针 9 针的线圈，边缘编织第 3 行请参见 p.5 继续编织。

主体部分·前片

（花样编织）

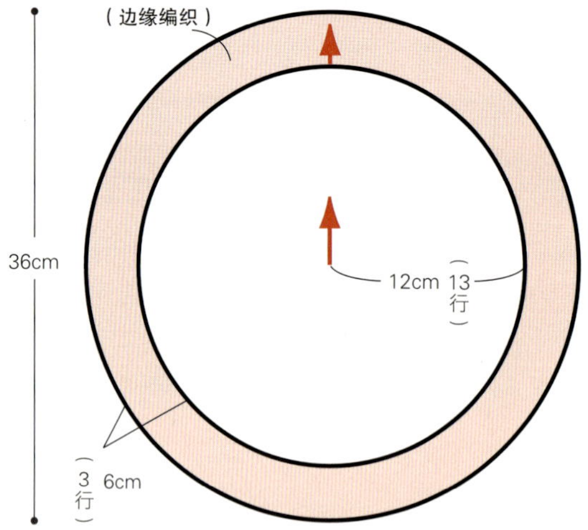

主体部分·后片

（长针）

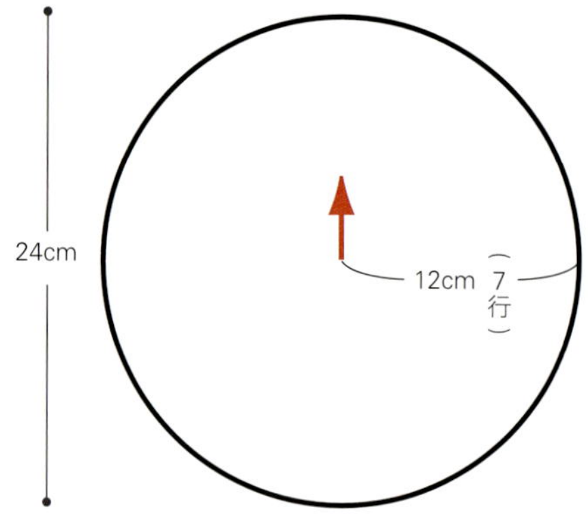

主体部分·后片

（长针）　茶色

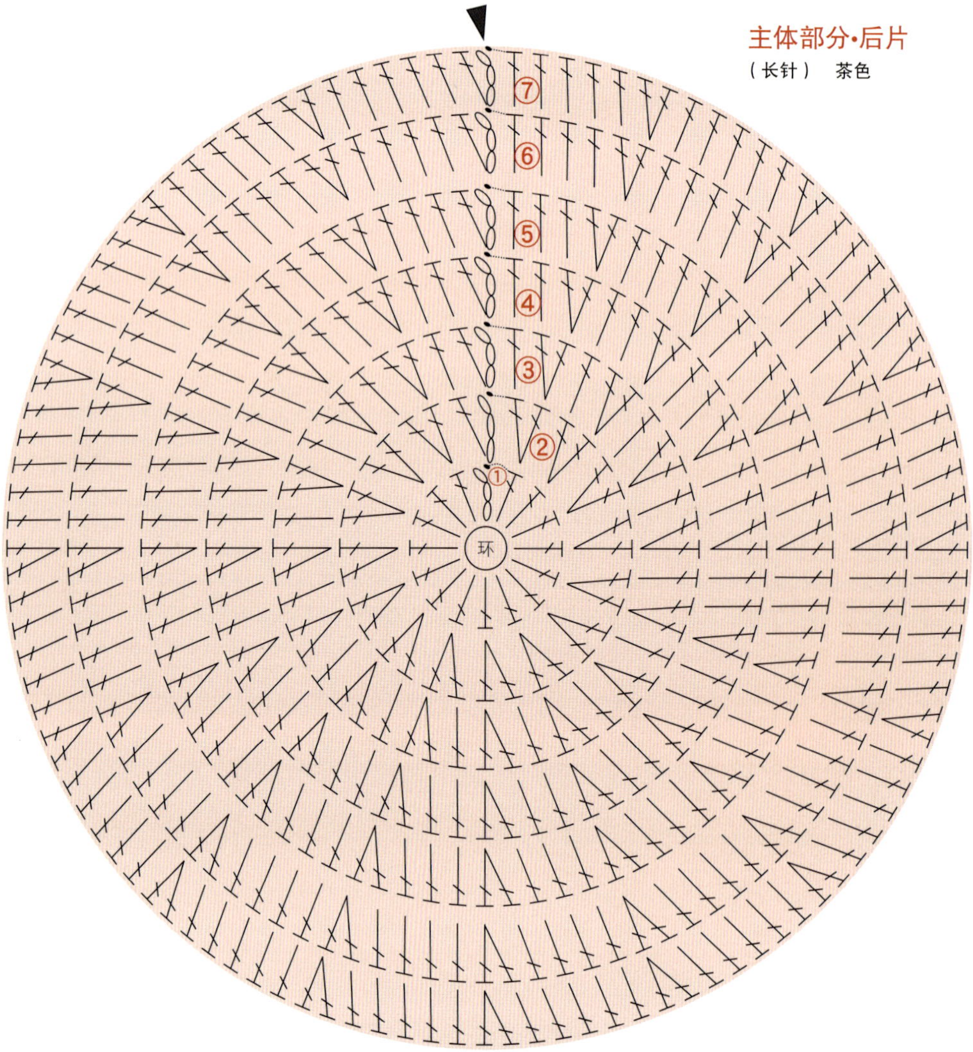

主体部分·后片的加针

行数	针数	加针数
7行	112针	每行加针16针
6行	96针	
5行	80针	
4行	64针	
3行	48针	
2行	32针	
1行	16针	

主体部分·前片（花样编织）

1~8行　茶色
9~13行　米色

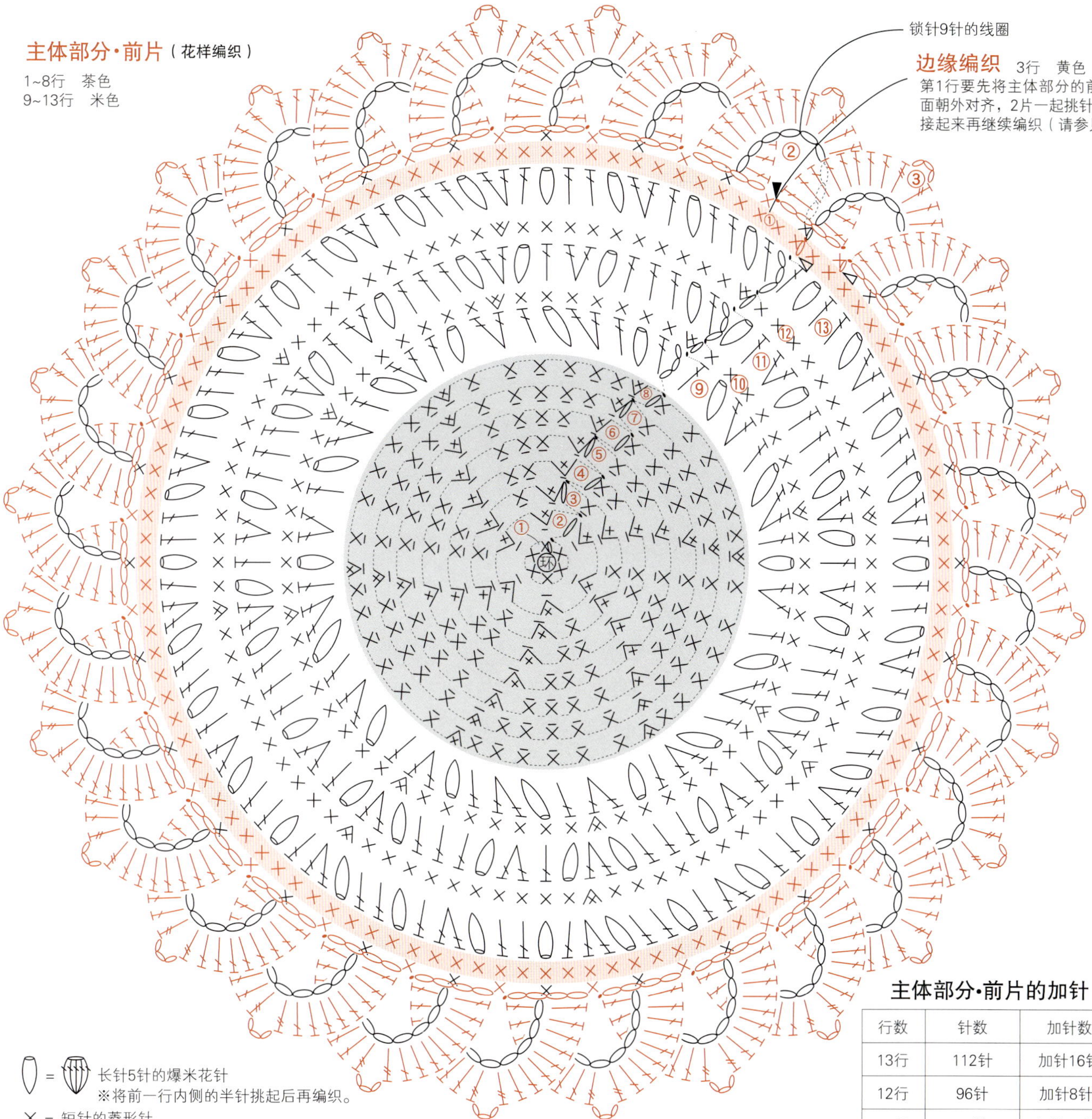

边缘编织　3行　黄色
第1行要先将主体部分的前、后片正面朝外对齐，2片一起挑针，将2片连接起来再继续编织（请参见p.4）

⌷ = 长针5针的爆米花针
※将前一行内侧的半针挑起后再编织。

× = 短针的菱形针

边缘编织的花瓣的编织方法

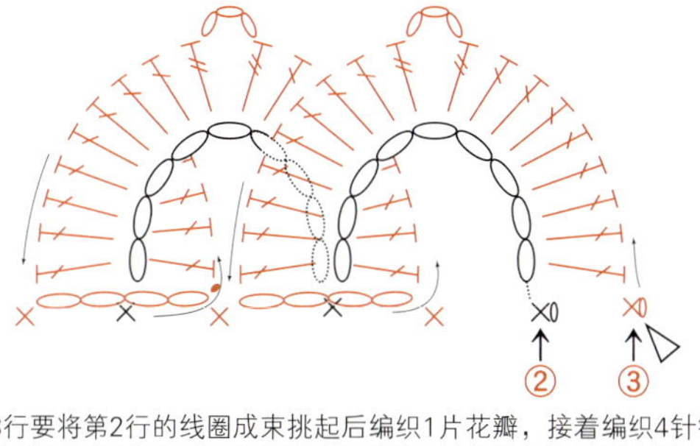

※ 第3行要将第2行的线圈成束挑起后编织1片花瓣，接着编织4针锁针，再将织片翻至反面，在前一个线圈中央的针目（3针中最中间的1针）内编织短针，再接着编织后面的花瓣（请参见p.5）。

主体部分·前片的加针

行数	针数	加针数
13行	112针	加针16针
12行	96针	加针8针
11行	88针	加针16针
10行	72针	加针8针
9行	64针	加针16针
8行	48针	每行加针6针
7行	42针	
6行	36针	
5行	30针	
4行	24针	
3行	18针	
2行	12针	
1行	6针	

A

鸢尾花样方形坐垫

在用菱形针编织的基本款织片上搭配一朵精致的鸢尾花，
瞬间提升了坐垫的美感。

B

只采用米色线编织，
纯色的坐垫又呈现出另一番风情。

鸢尾花样方形坐垫

作品…A/p.28 B/p.29　要点详解…p.5

* 所需材料

A 线　藤久　VISTER JOLLY TIME Ⅱ/21（芥末黄色）…190g、22（米色）…15g、39（绿色）…10g

B 线　藤久　VISTER JOLLY TIME Ⅱ/22（米色）…205g

钩针　6/0、7/0号针

完成尺寸　边长39cm

* 编织方法　A、B通用

1　锁针56针起针，前、后片主体部分分别编织短针的菱形针。

2　边缘编织。第1行要将主体部分的前、后片正面朝外对齐，2片一起从针目与行挑针，将2片连接起来再继续编织（请参见p.4“短针连接”）。接着编织第2行。

3　参见花片的连接方法，编织引拔针将花朵、叶子、果实相连编织（请参见p.5）。

4　将花片缝合在主体部分前片的接花片位置。

整理方法

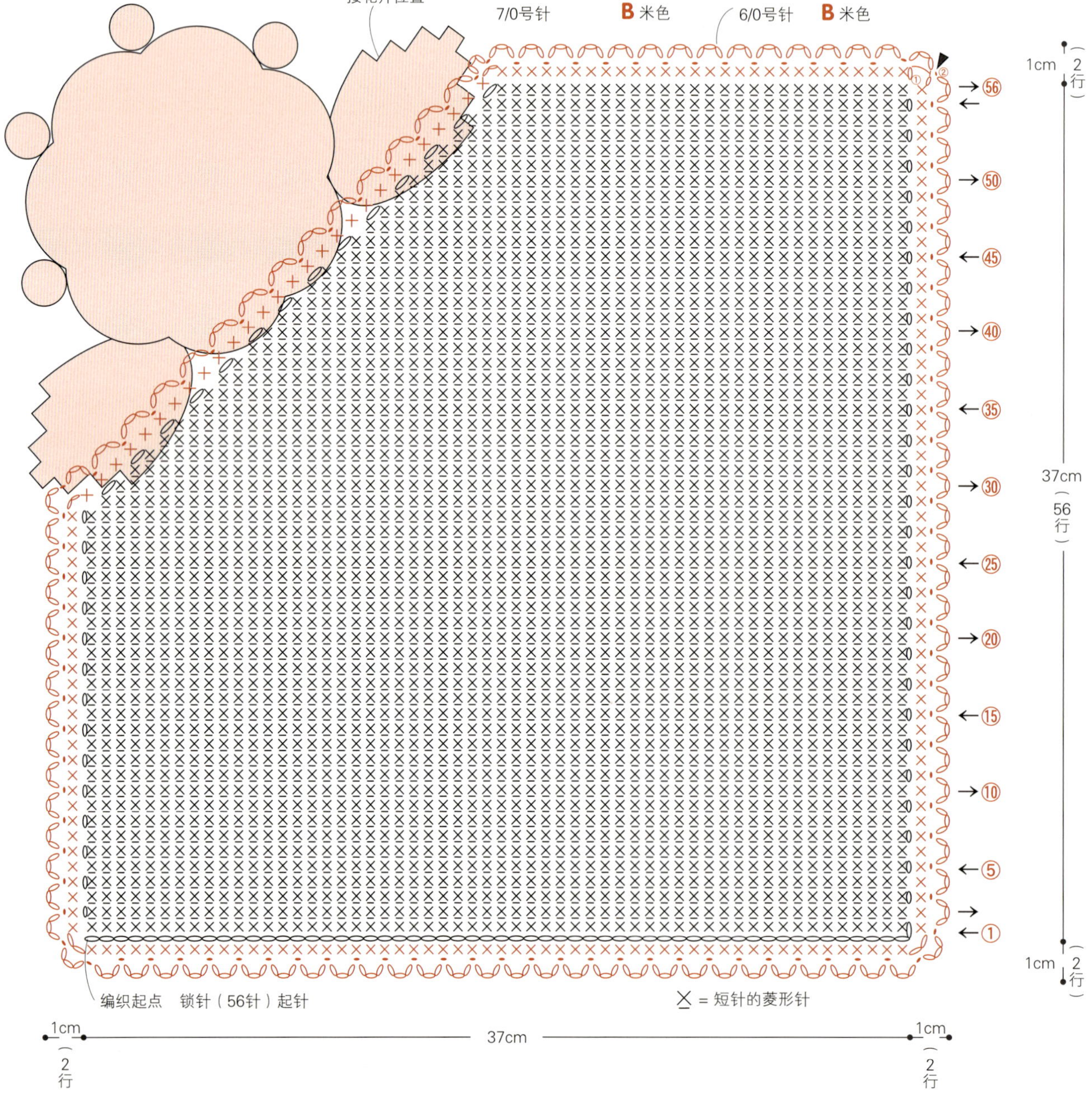

花片的连接方法

❶ = 编织花片的顺序

⬬ = 花片编织完连接至内侧后，在连接处的头针处入针，编织引拔针相连接（请参见p.5）

果实

4个　7/0号针

A 芥末黄色

B 米色

花朵

A、B 米色　1朵　7/0号针

×（第2行）=将第1行的短针的内侧半针挑起后再编织

×（第3行）=将第1行的短针的外侧半针挑起后再编织

※ 第3、6、8行要将前一行的花瓣倒至内侧再编织。

11cm

叶子

A 绿色　2片　7/0号针

B 米色

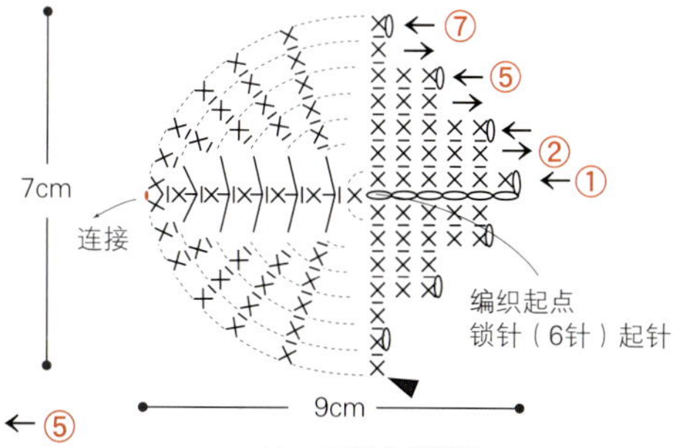

$\underline{\times}$ = 短针的菱形针

主体部分•后片

7/0号针

A 芥末黄色

B 米色

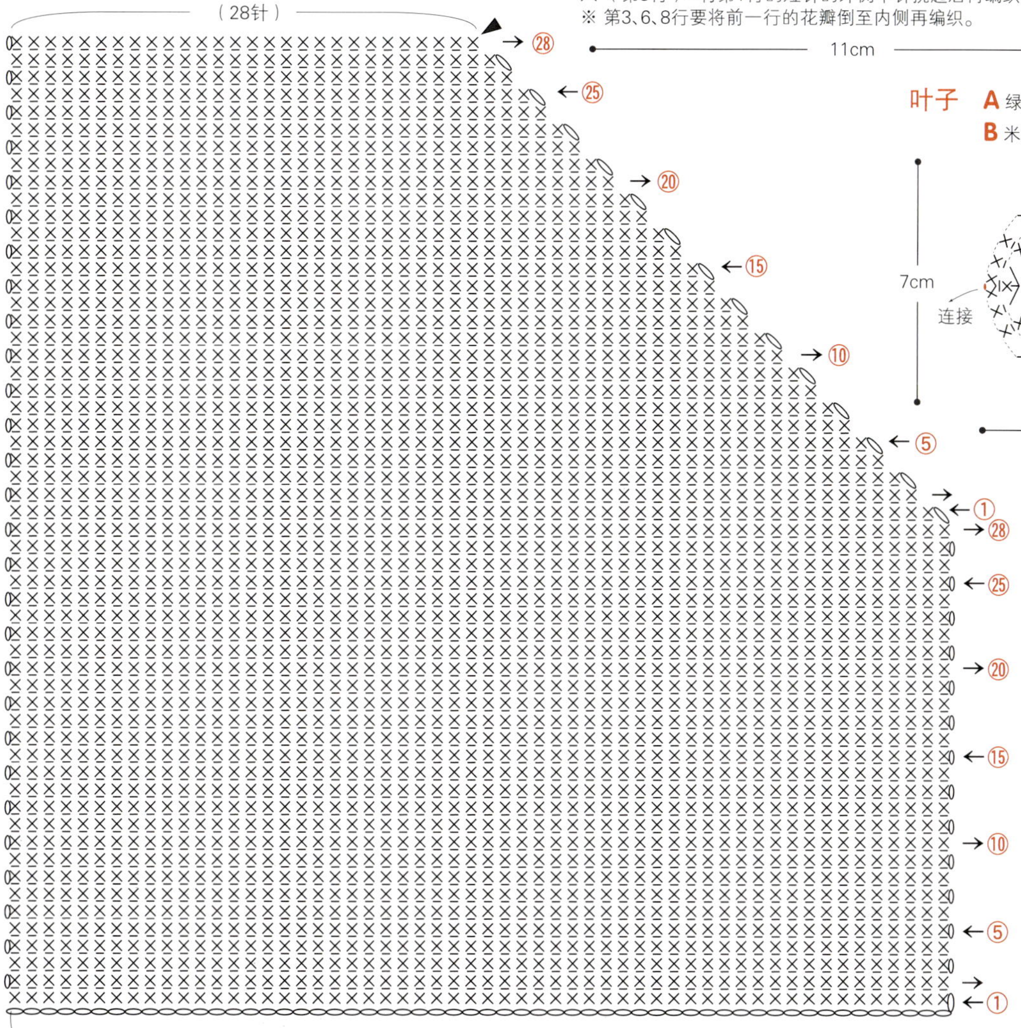

编织起点　锁针（56针）起针

$\underline{\times}$= 短针的菱形针

玫瑰花花形坐垫

优雅的玫瑰花翩翩绽放。

坐在这蓬松而立体的花瓣上是不是会感觉最舒适也不过如此啊！

编织方法…p.35、p.51　设计、编织…今村曜子

山茶花花形坐垫

这是一款栩栩如生的山茶花花形坐垫，非常引人注目。
花瓣采用拉针编织，更显灵动。

玫瑰花花形坐垫 作品…p.32

作品…p.32

＊ 所需材料

A **线** 藤久 VISTER JOLLY TIME Ⅱ/13（浅粉色）…150g、31（粉色）…55g

B **线** 藤久 VISTER JOLLY TIME Ⅱ/3（浅黄色）…150g、4（黄色）…55g

钩针 8mm 针（大钩针）

完成尺寸 直径 33cm

＊ 编织方法 A、B 通用

※全部用 2 根线编织。

1. 用线头环形起针，编织基底。
2. 大花瓣分别用指定的配色线编织 5 片相连花瓣、8 片相连花瓣、11 片相连花瓣，小花瓣则用指定颜色的线编织 4 片相连花瓣。
3. 将花瓣以卷针缝缝在基底上各自的指定位置。

基底（短针）

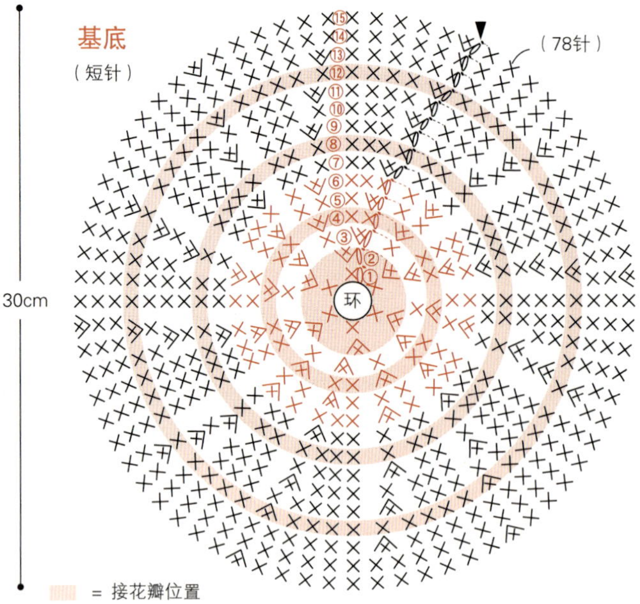

基底的加针

行数	针数	加针数	配色
15行	78针	加针6针	A 浅粉色 B 浅黄色
14行	72针	无加减针	
13行	72针	每行加针6针	
12行	66针		
11行	60针		
10行	54针		
9行	48针		
8行	42针	无加减针	
7行	42针	每行加针6针	A 粉色 B 黄色
6行	36针		
5行	30针		
4行	24针		
3行	18针		
2行	12针		
1行	6针		

大花瓣·配色与连接基底的位置

花瓣	配色		连接位置
5片	A 粉色	B 黄色	第4行
8片	A 浅粉色	B 浅黄色	第8行
11片	A 浅粉色	B 浅黄色	第12行

大花瓣

花瓣5片=1条
花瓣8片=1条
花瓣1片=1条

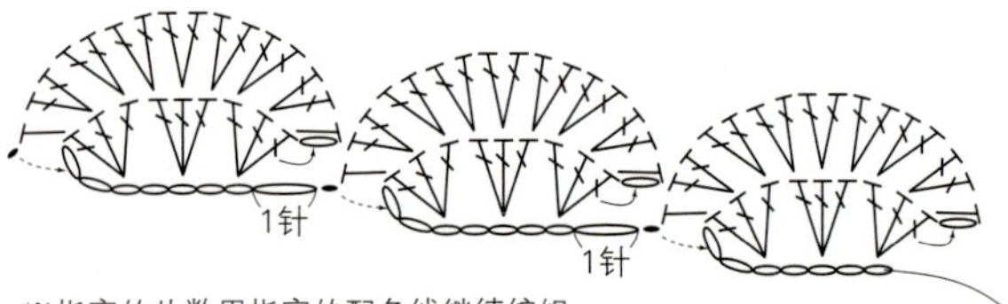

※指定的片数用指定的配色线继续编织。

小花瓣

花瓣4片=1条　**A** 粉色　**B** 黄色

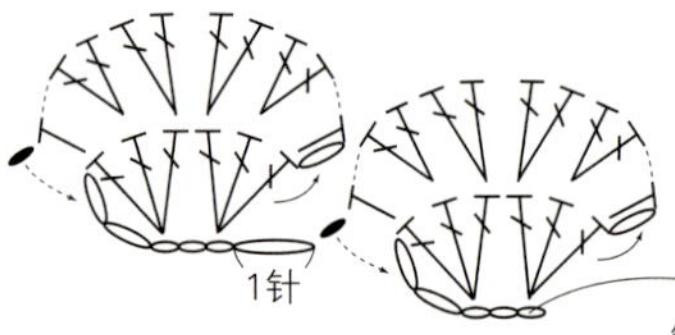

※ 接着将剩下的2片按照相同方法编织。

将花瓣连接至基底的方法

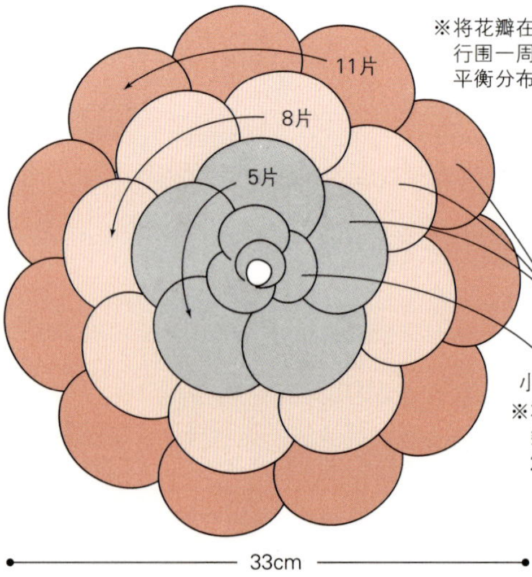

※将花瓣在接花瓣位置的指定行围一周，分别缝合，注意平衡分布。

小花瓣
※将1片缝在第1行，剩下的3片缝在第2行。

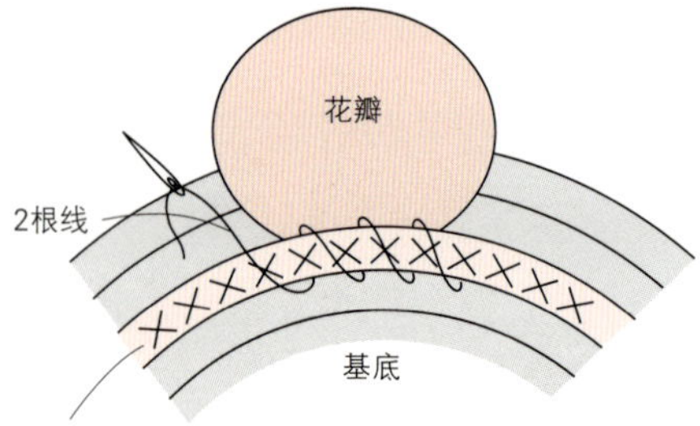

※将花瓣的起针一侧以卷针缝缝在基底上。

山茶花花形坐垫 作品…p.33

＊ 所需材料

线 藤久 VISTER COLORFUL MATE / 76（深红色）…130g、51（白色）…50g、56（黄色）…15g
VISTER JOLLY TIME Ⅱ / 7（绿色）…40g
钩针 6/0、8/0 号针
完成尺寸 长 35cm × 宽 40cm

＊ 编织方法

※除了叶子用 2 根线以外，其余都用单根线编织。

1 用线头环形起针，编织基底。
2 花朵用线头环形起针，编织中心的 2 行。从中心的第 2 行开始挑针，逐片编织花瓣，共编织 5 片。再逐片进行花瓣的边缘编织（花朵的编织方法请参见 p.51）。
3 编织花蕊。
4 叶子用 2 根线编织。
5 将花蕊卷裹起来，整理好形状后缝合根部，再将其固定在花朵的中心。花朵的反面如图所示固定基底和叶子。

基底 （长针）

绿色 6/0号针

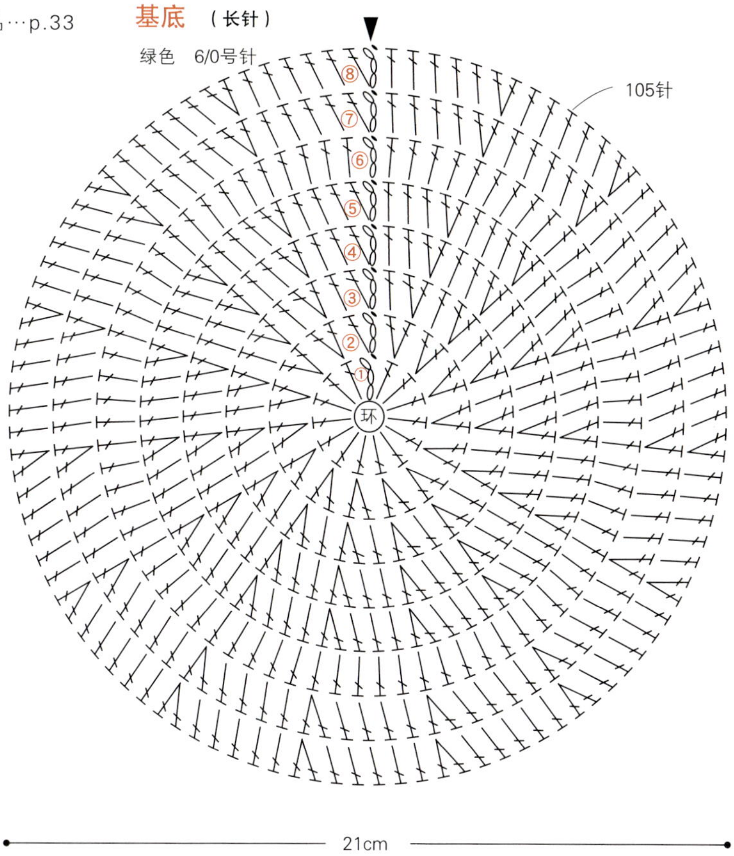

基底的加针

行数	针数	加针数
8行	105针	每行加针15针
7行	90针	
6行	75针	无加减针
5行	75针	每行加针15针
4行	60针	
3行	45针	
2行	30针	
1行	15针	

叶子

绿色 2根线 8/0号针

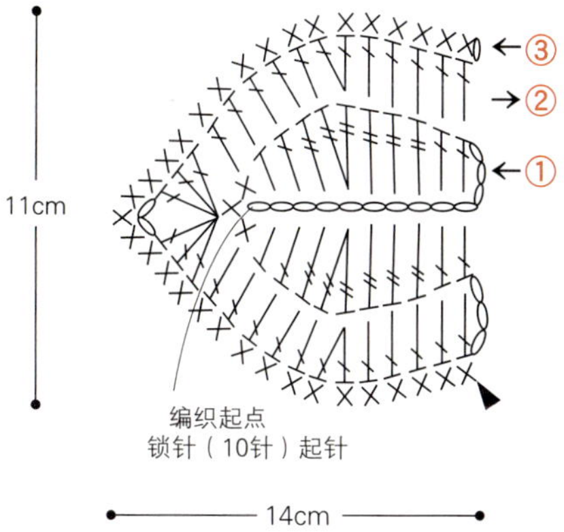

花蕊

黄色 8/0号针

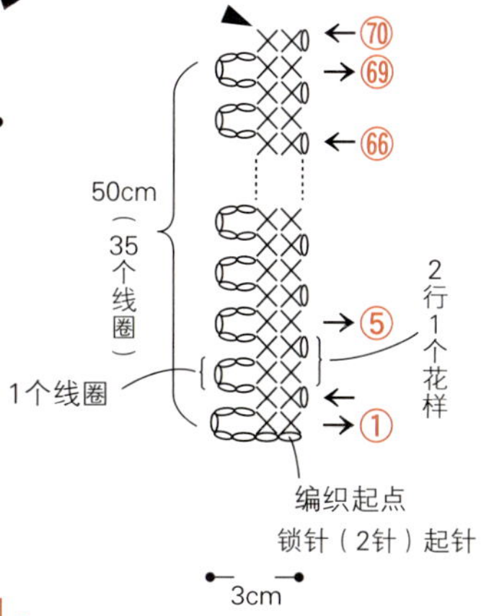

整理方法

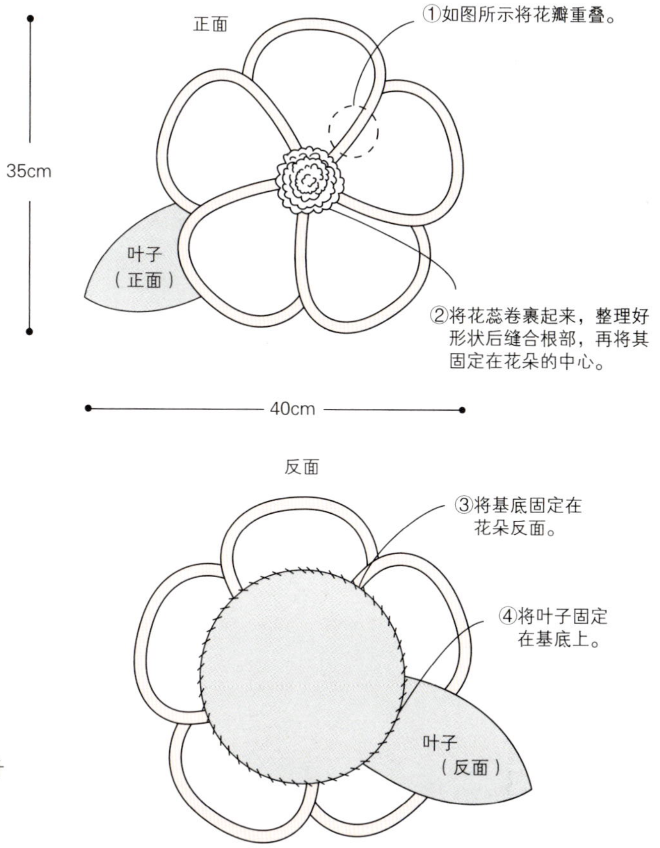

※ 花朵的编织方法请参见p.51。

编织方法…p.38　要点详解…p.57　设计…河合真弓　编织…关谷幸子

雏菊花形坐垫

花瓣重叠相连的样子生动而美丽。
这是一款可以让我们的椅子瞬间变得华丽的艺术品。

朱顶兰花形坐垫

美丽独特的朱顶兰花形坐垫，点缀着直针绣针迹的花蕊是一道亮点。

雏菊花形坐垫　作品…p.36　要点详解…p.57

＊ 所需材料

A **线** 藤久 VISTER COLORFUL MATE /57（浅粉色）…185g、87（黄色）…30g

B **线** 藤久 VISTER COLORFUL MATE /52（本白色）…185g、87（黄色）…30g

钩针 8/0 号针

完成尺寸 直径 40cm

＊ 编织方法 **A**、**B** 通用

1 用线头环形起针，编织花蕊。

2 花瓣部分从花蕊挑针，逐片编织，并与前一片花瓣相连接，总计编织 16 片花瓣（请参见 p.57）。

3 按照步骤 1、2 的方法再编织 1 片相同的织片。将前、后 2 片相同织片正面朝外对齐，将花瓣整理重叠后，挑针订缝一圈（请参见 p.64）。再以回针缝缝合花蕊的边缘一周。

花瓣的编织方法

※要点详解请参见p.57。

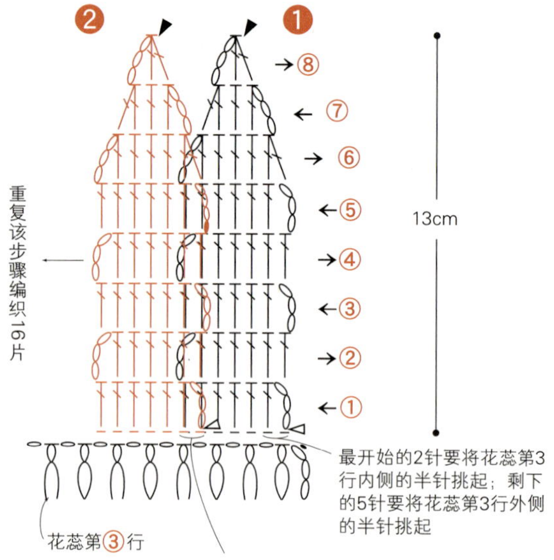

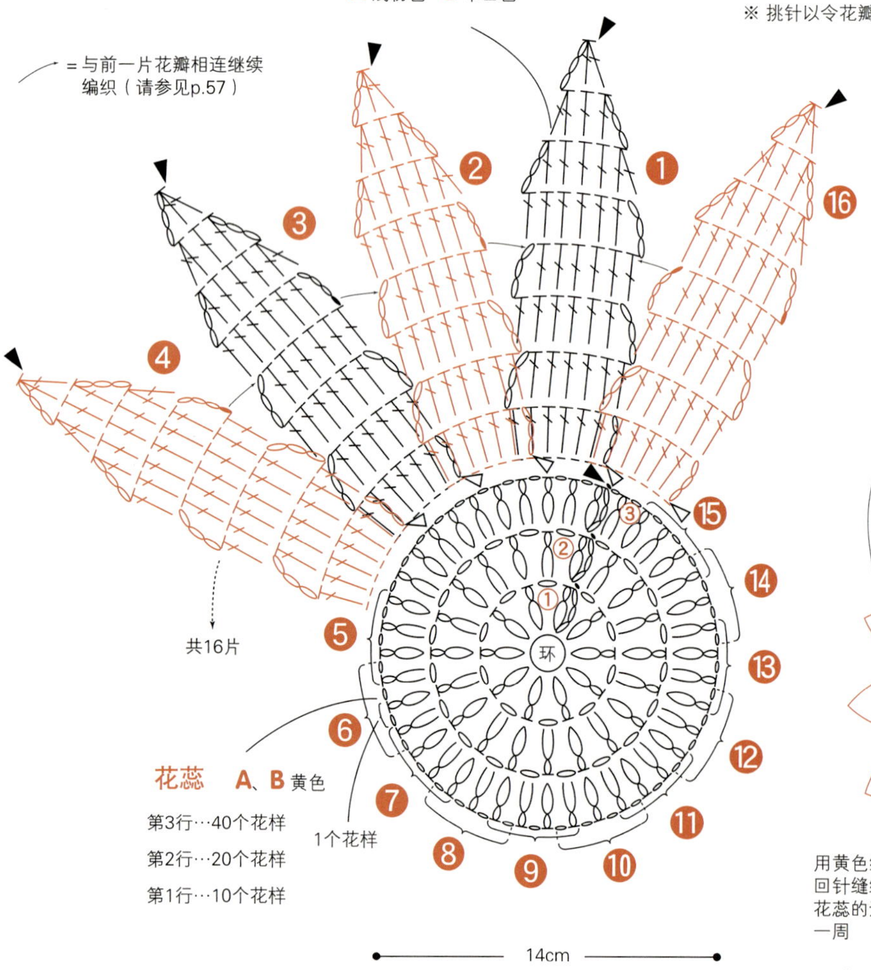

整理方法

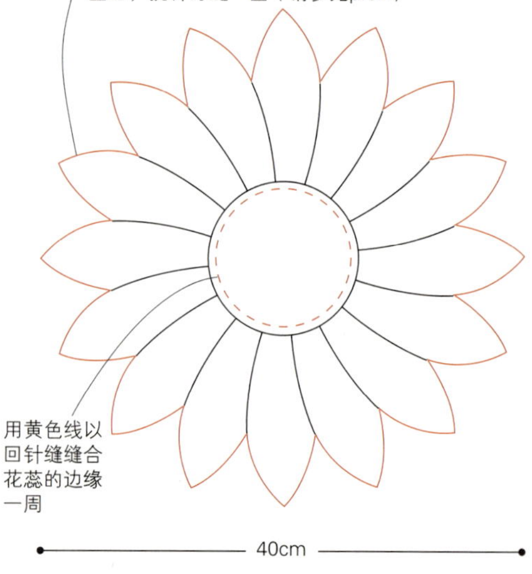

朱顶兰花形坐垫　作品…p.37

＊ 所需材料

线　DARUMA 手编线　J COLORS/14（红色）…180g、29（茶色）…25g、19（芥末黄色）…少许

钩针　8/0 号针

完成尺寸　长 45cm × 宽 40cm

＊ 编织方法

1. 用线头环形起针，织入花样编织 2 片基底（请参见 p.7“短针的条纹针的织入花样的编织方法”）。
2. 锁针 1 针起针，织入花样编织 3 片花瓣（请参见 p.7“短针的条纹针的织入花样的编织方法”）。
3. 编织 3 个花蕊。
4. 参照整理方法，将花瓣与花蕊固定在前侧的基底上，并点缀直针绣针迹（请参见 p.64）。
5. 将前、后片基底正面朝外对齐，2 片一起挑针，进行边缘编织，将 2 片连接在一起（请参见 p.4）。

整理方法

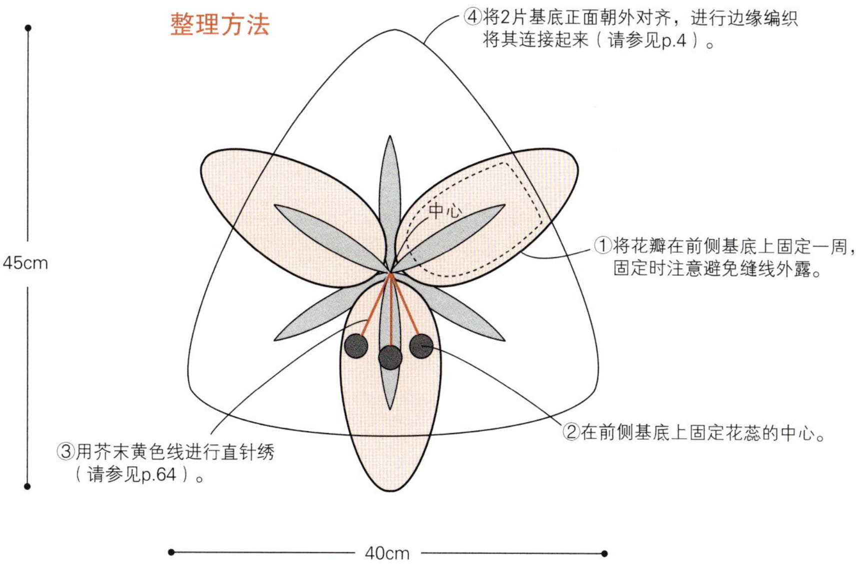

花蕊　3个

芥末黄色

花瓣　3片

—— = 茶色　—— = 红色

※织入花样的编织方法请参见p.7。

※编裹线织入。

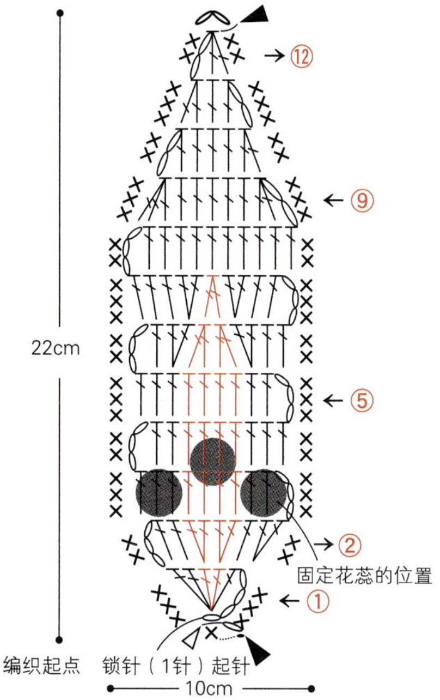

基底　2片

—— = 茶色　—— = 红色

※织入花样的编织方法请参见p.7。

※编裹线织入。

边缘编织　红色

将2片基底正面朝外对齐，编织135针短针将其连接起来（请参见p.4）

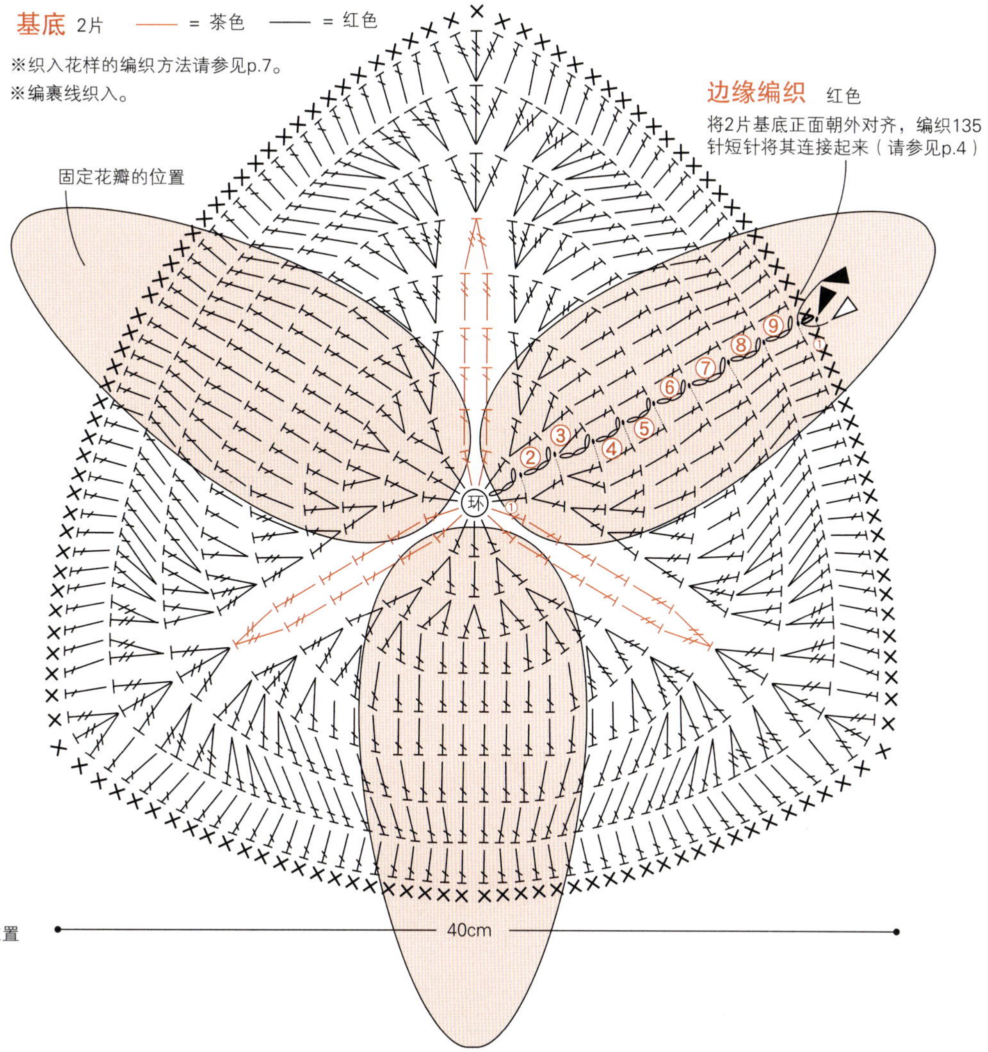

编织方法…p.42 设计、编织…川路由美子

绣球花花形坐垫

开满各色小花的样子实在惹人喜爱。
编织一朵朵小花也会给你带来无尽的快乐吧！

A

用清爽的颜色搭配而成的这件作品，有没有
让你体会到绣球花绽放的初夏的感觉呢？

B

绣球花花形坐垫 作品…A/p.40 B/p.41

* 所需材料

A 线 DARUMA 手编线 并太 /3（浅粉色）…170g、23（粉色）…30g、46（浅紫色）…30g、25（本白色）…30g

B 线 DARUMA 手编线 并太 /8（薄荷绿色）…170g、4（淡蓝色）…30g、45（浅蓝色）…30g、25（本白色）…30g

钩针 8/0 号针

完成尺寸 直径 40cm

* 编织方法 A、B 通用

1 用线头环形起针，编织 2 片主体部分。

2 分别用指定的配色线编织指定片数的花片 a、b、c。

3 参照整理方法配置花片，缝在前侧的主体部分上。

4 进行边缘编织。将 2 片主体部分正面朝外对齐，2 片一起挑针，编织边缘编织的第 1 行，将 2 片连接起来（请参见 p. 4），接着编织第 2 行。

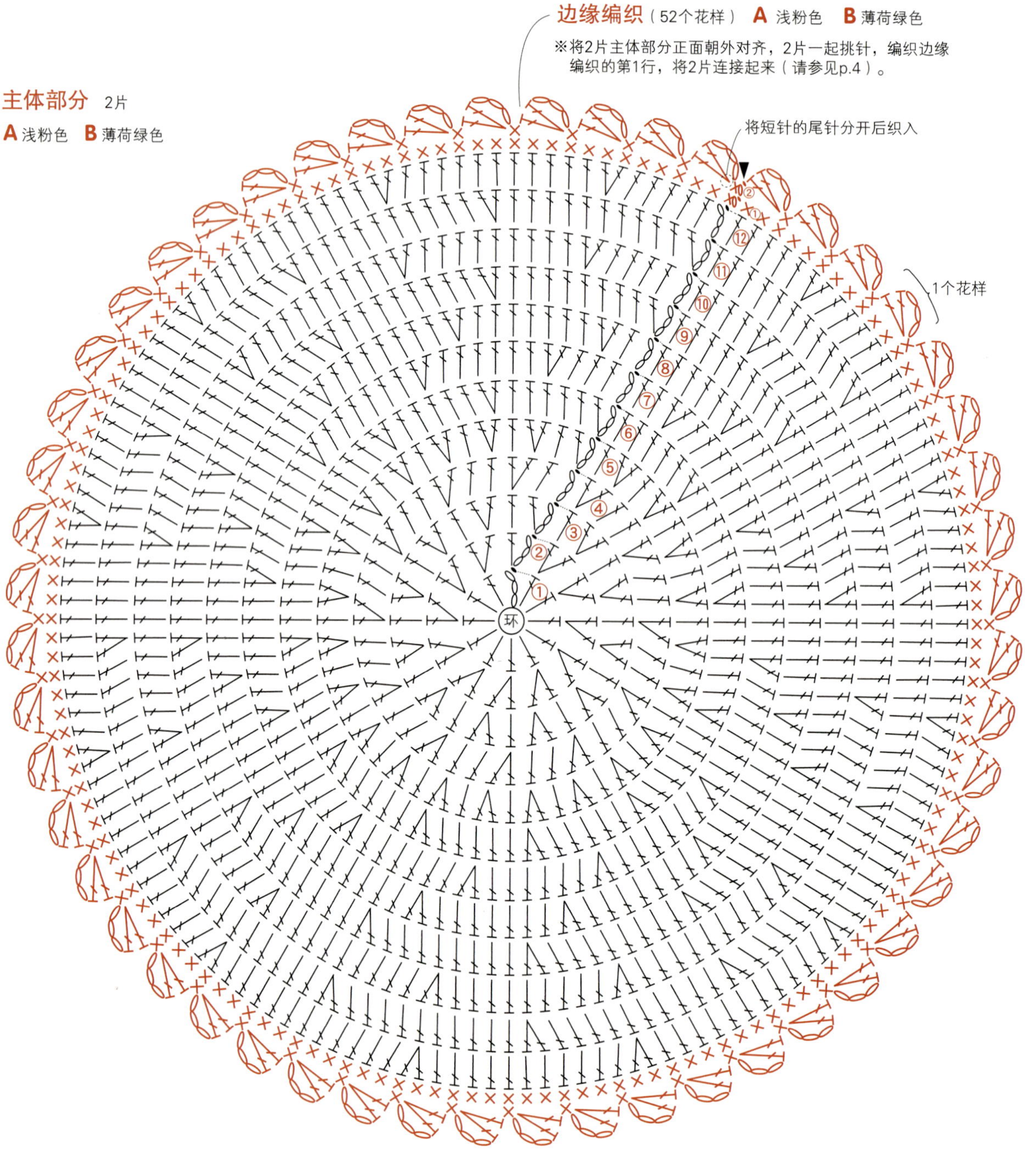

花片

a 12片　b 13片　c 14片

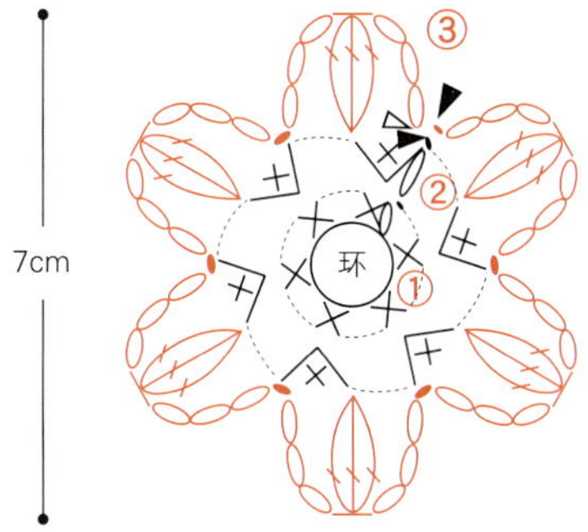

花片第3行的配色

※1、2行全为本白色。

	a	b	c
A	浅粉色	粉色	浅紫色
B	薄荷绿色	淡蓝色	浅蓝色

摆花片的位置

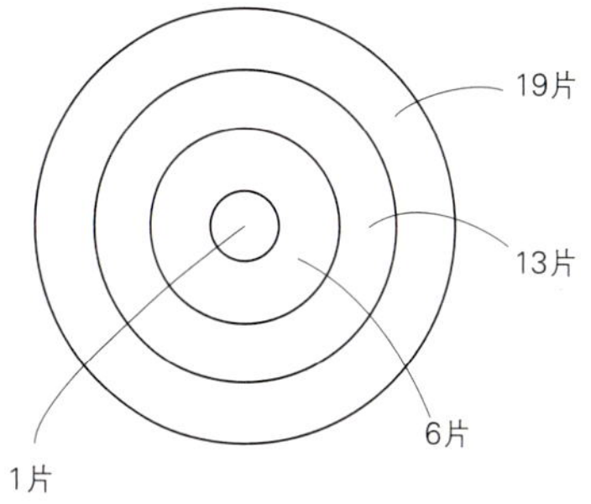

※中间放1片，周围摆放指定片数，注意平衡分布。

主体部分

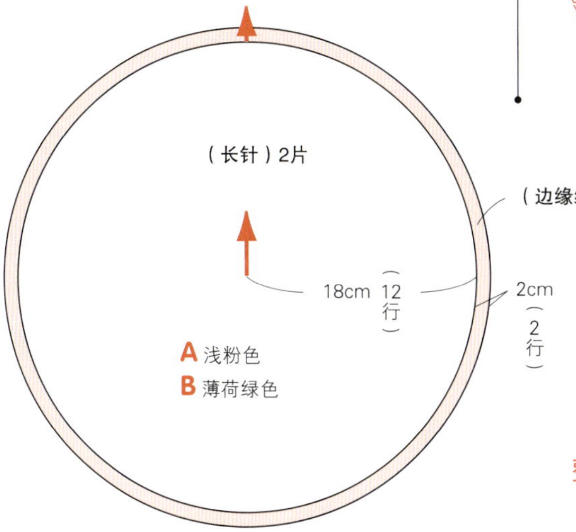

整理方法

除指定部分以外，A、B通用

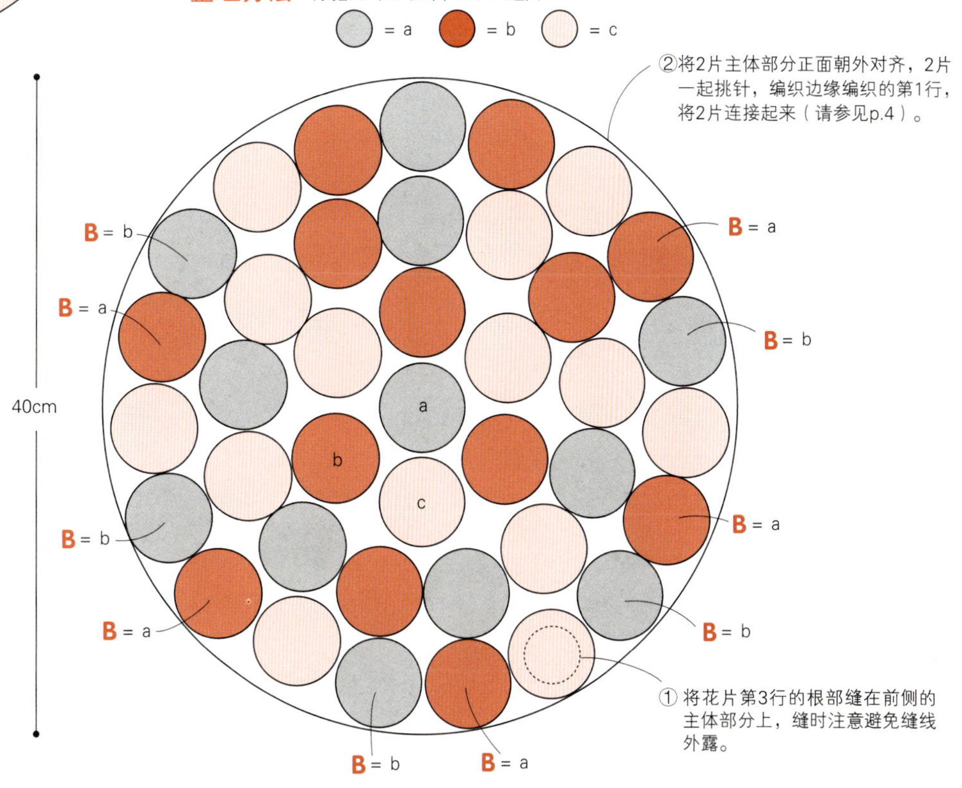

主体部分的加针

行数	针数	加针数
12行	156针	每行加针12针
11行	144针	
10行	132针	
9行	120针	
8行	108针	
7行	96针	
6行	84针	
5行	72针	加针24针
4行	48针	每行加针12针
3行	36针	
2行	24针	
1行	12针	

编织方法…p.46　设计、编织…藤田智子

苹果圆形坐垫

熟透的红苹果，
仿佛还飘着清香的黄苹果，
还带着叶子的新鲜苹果圆形坐垫哦！

编织方法…p.47 设计、编织…藤田智子

草莓方形坐垫

可爱的草莓方形坐垫，让你忍不住想给孩子编织一个，孩子看到一定会非常开心哦！

苹果圆形坐垫　作品…p.44

* 所需材料

A 线　藤久　VISTER COLORFUL MATE/62（红色）…160g、89（绿色）…15g、67（茶色）…5g

B 线　藤久　VISTER COLORFUL MATE/87（黄色）…160g、89（绿色）…15g、67（茶色）…5g

钩针　7/0 号针

完成尺寸　长 42cm × 宽 34cm

* 编织方法　A、B 通用

1　用线头环形起针，编织2片主体部分。
2　编织2片叶子。接着编织茎，如图所示进行整理。
3　将2片主体部分正面朝外对齐，夹住茎，以卷针缝将周围缝合（请参见 p.4）。
4　以卷针缝将2片叶子缝合（请参见 p.4）。此时叶子接主体部分的位置要夹住主体部分再缝合。

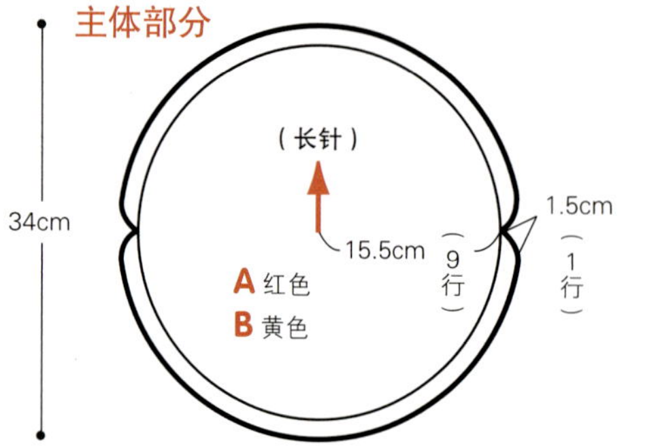

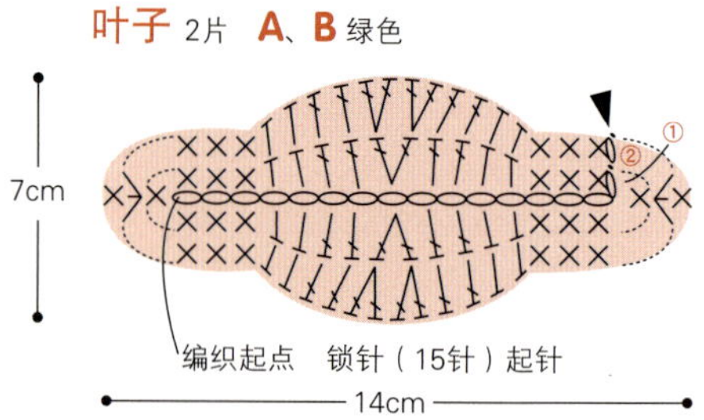

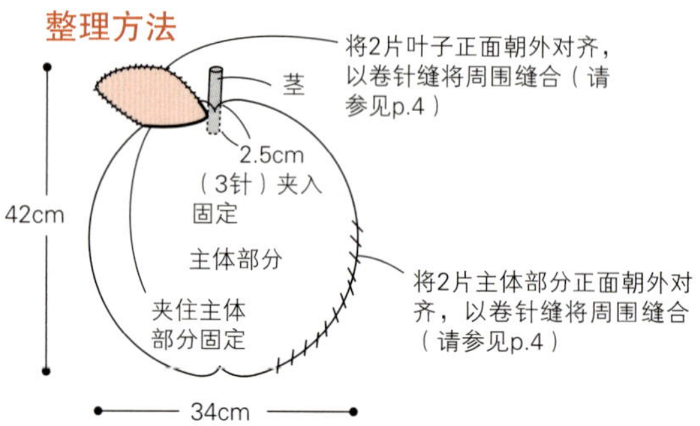

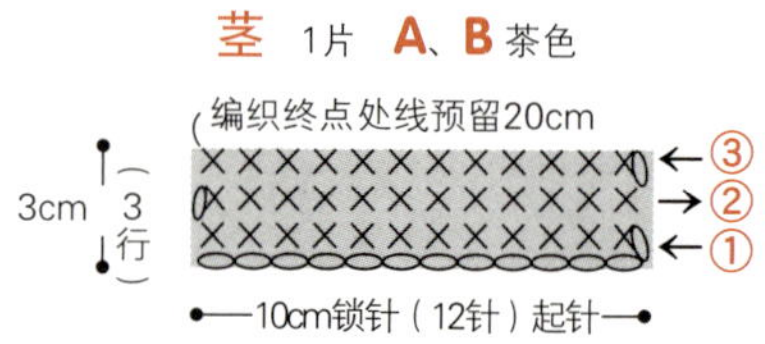

第2行 ＝ 将前一行外侧的半针挑起
第3行 ＝ 将前一行内侧的半针挑起

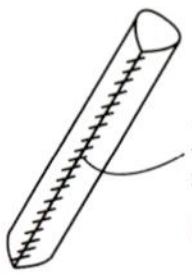

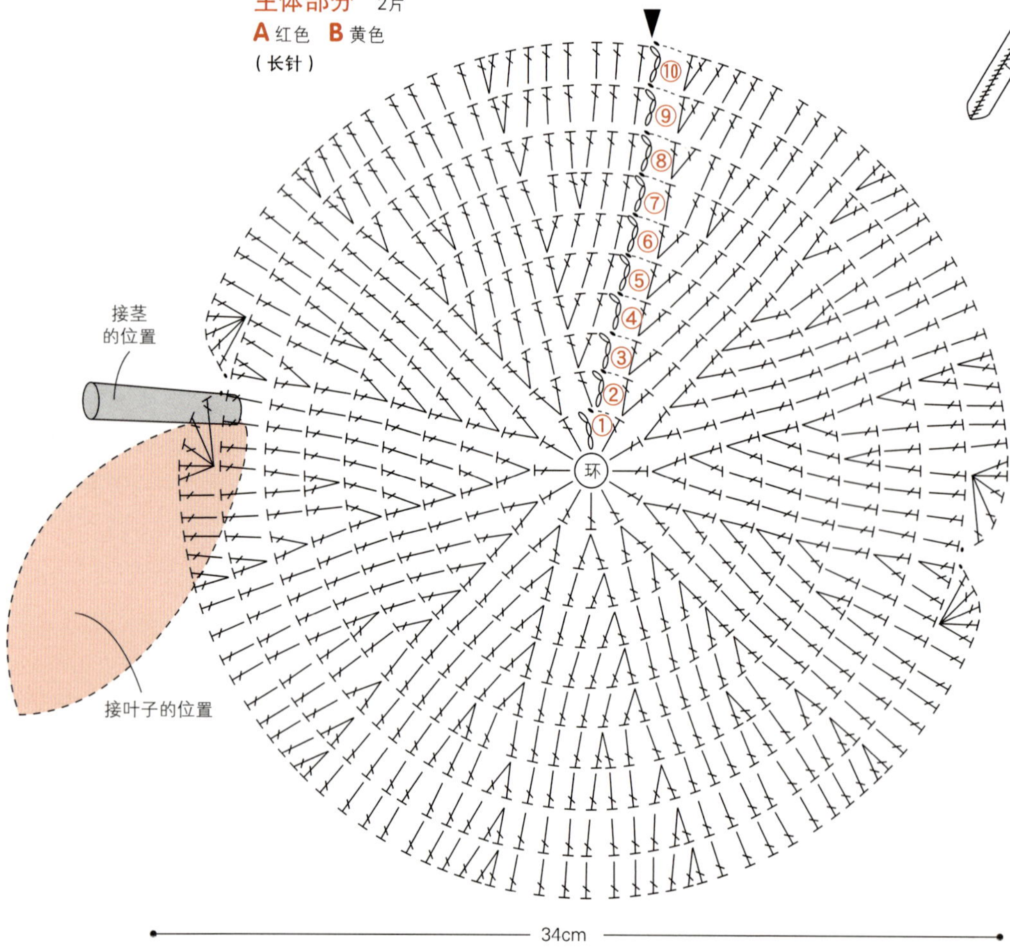

主体部分的加针

行数	针数	加针数
10行	参见图示	
9行	108针	每行加针12针
8行	96针	
7行	84针	
6行	72针	
5行	60针	
4行	48针	
3行	36针	
2行	24针	
1行	12针	

草莓方形坐垫 作品…p.45

＊ 所需材料

线 藤久 VISTER COLORFUL MATE／74（粉色）…170g、63（绿色）…35g、52（本白色）…10g

钩针 7/0 号针

完成尺寸 长 44cm × 宽 38cm

＊ 编织方法

1 用线头环形起针，分别编织主体部分、蒂、种子。

2 种子要将织片反面当作正面，再参照图示位置缝在前侧的主体部分上。

3 将 2 片主体部分正面朝外对齐，以挑全针的卷针缝连接周围（请参见 p.4）。

4 将蒂覆盖在主体部分起针一侧，缝在上面。

蒂

1片 绿色

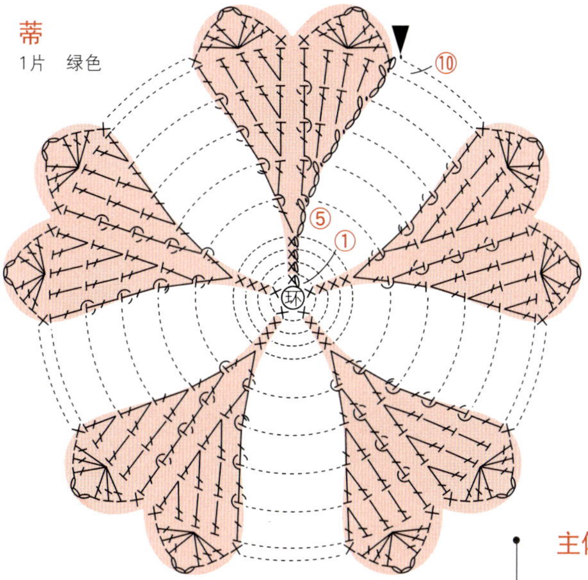

主体部分

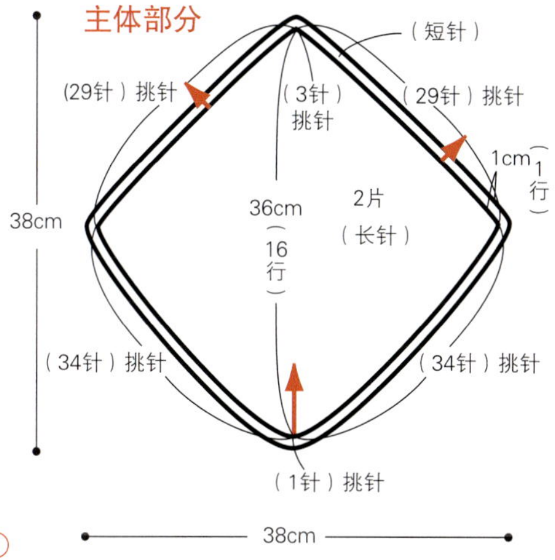

主体部分

2片 粉色

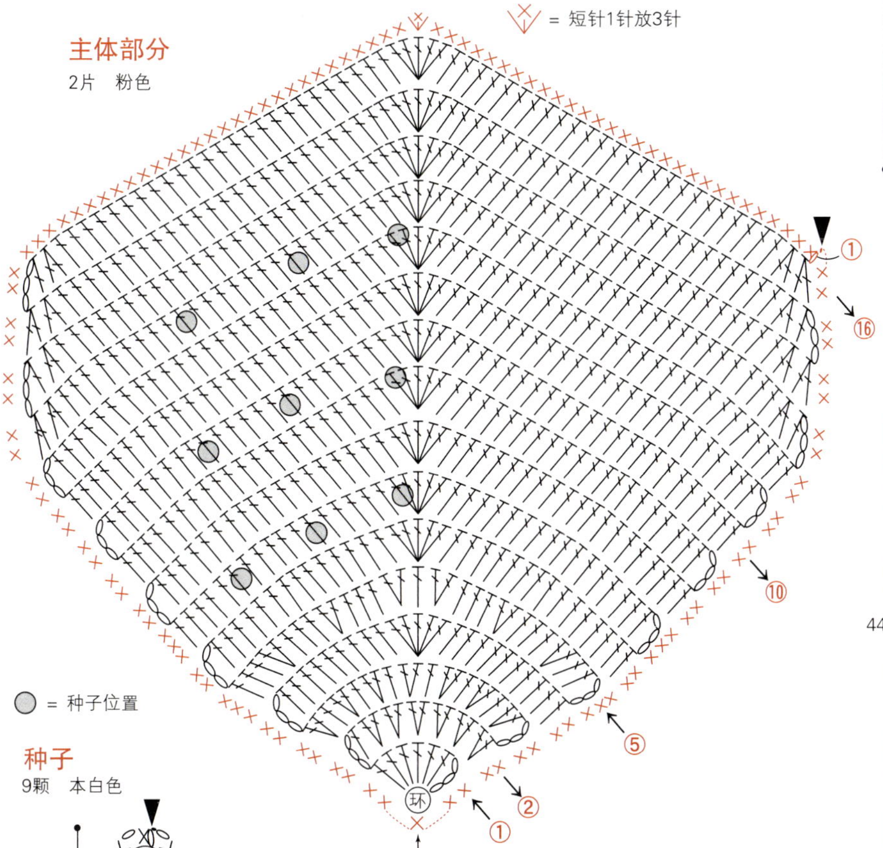

● = 种子位置

种子

9颗 本白色

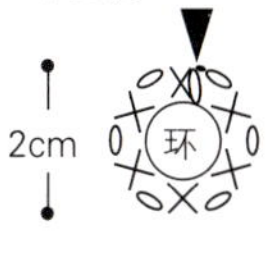

整理方法

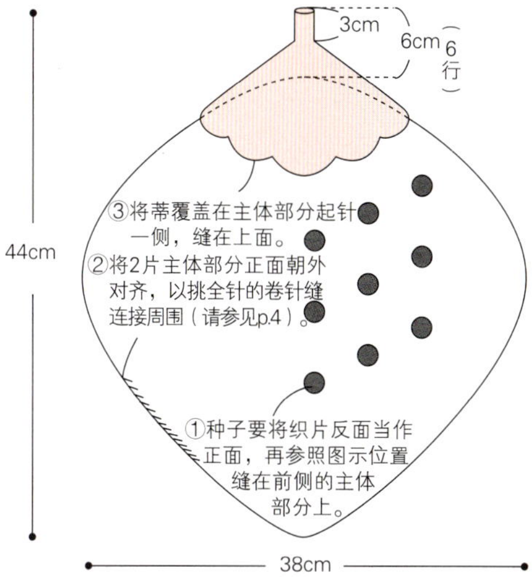

编织方法…p.50　要点详解…p.6　设计、编织…芹泽圭子

菱格花纹方形坐垫

菱格花纹的方形坐垫，上面凸起的肉乎乎的花样是不是很可爱？
拉针全部是在正面编织，因此对于初学拉针的人来说也很简单易学哦！

A

用红色线编织的坐垫雅致而时尚，彰显成熟气质。
用爆米花针编织的饰边又显得俏皮而可爱。

菱格花纹方形坐垫 作品…A/p.48 B/p.49 要点详解…p.6

＊ 所需材料

A 线 藤久 VISTER COLORFUL MATE / 54（米色）…340g

B 线 藤久 VISTER COLORFUL MATE / 62（红色）…340g

钩针 9/0、10/0 号针

密度 10cm × 10cm 短针、花样编织 11.5 针 × 13 行

完成尺寸 边长 42cm

＊ 编织方法 A、B 通用

1 锁针 43 针起针，主体部分后片编织短针，前片进行花样编织（请参见 p. 6、p.7）。

2 将前、后片主体部分正面朝外对齐，2 片一起挑针，编织边缘编织第 1 行的短针，将 2 片连接起来（请参见p.4）。接着编织边缘编织的第 2 行。

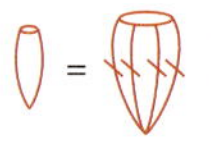

长针4针的爆米花针
※在上上一行入针，将前一行编裹起来继续编织（请参见p.6）。

锁针

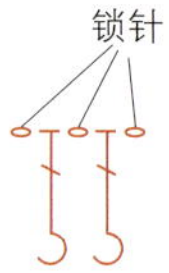

= 长针的正拉针

主体部分•后片 9/0号针（短针编织）

锁针43针起针，无加减针全部编织48行短针。

主体部分•前片 10/0号针（花样编织）

※长针的正拉针的花样编织的方法请参见p.6、p.7。

边缘编织 9/0号针

※将前、后片主体部分正面朝外对齐，编织边缘编织第1行的短针将其连接起来（请参见p.4）。

▒ = 详细的编织方法请参见p.6、p.7

主体部分

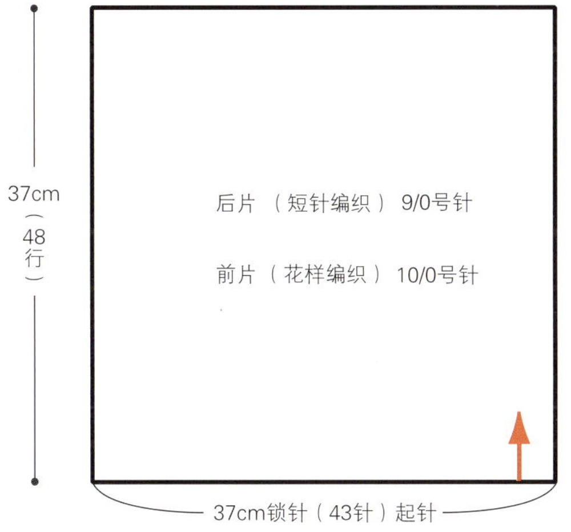

边缘编织 9/0号针

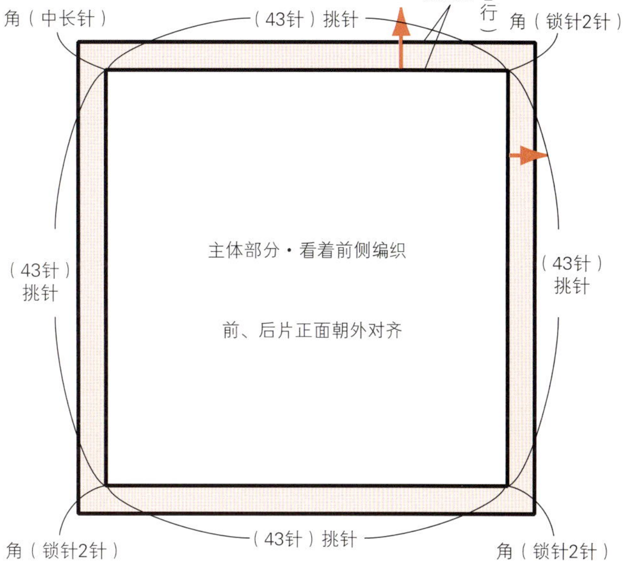

※ 上接p.35。

花朵 8/0号针

——= 深红色
——= 白色

※编织中心的2行，从中心的第2行开始挑针，逐片编织花瓣，共编织5片花瓣。再逐片进行花瓣的边缘编织。

= 长针的正拉针
= 长针的反拉针
= 中长针的反拉针

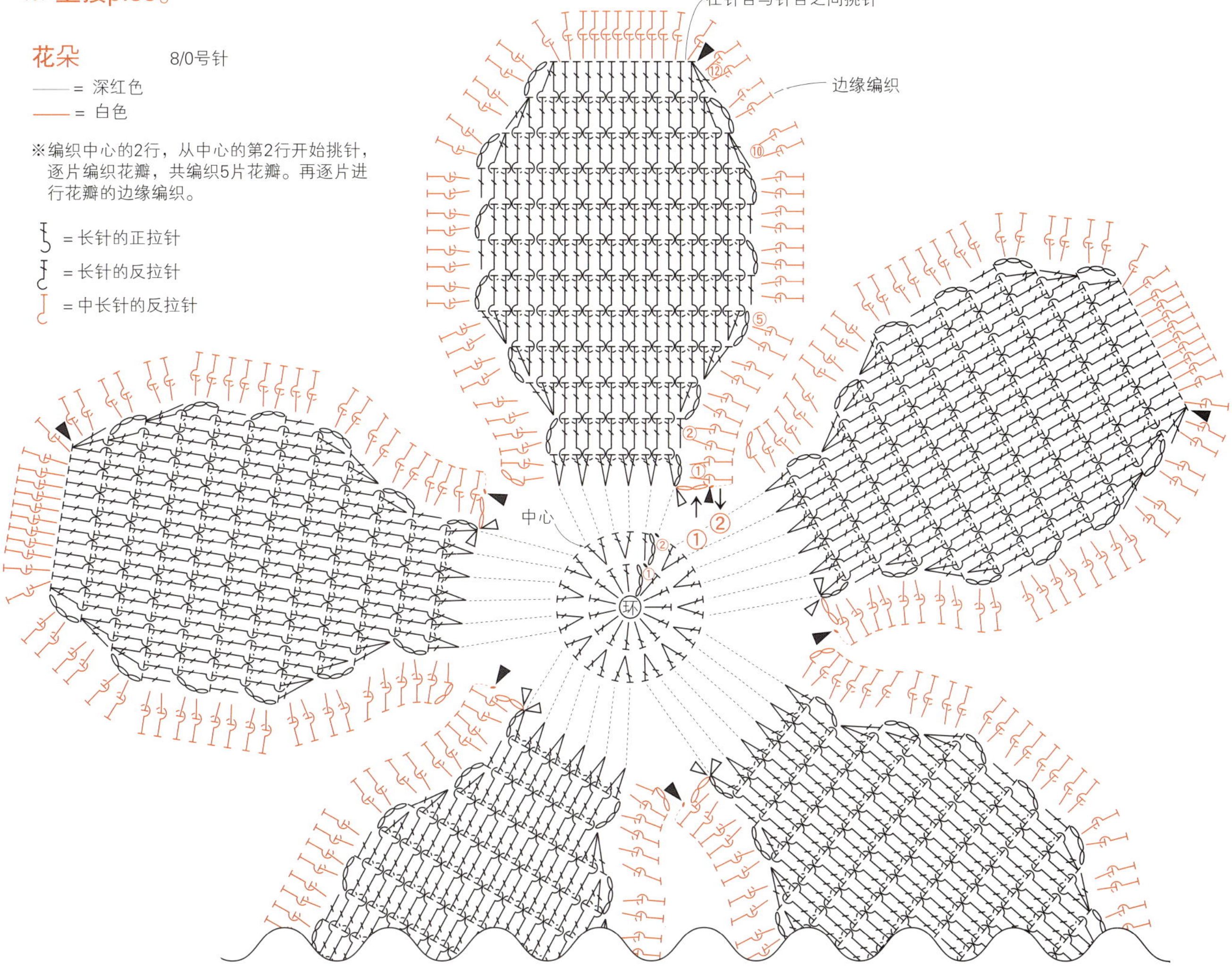

编织方法…p.54　要点详解…p.5　设计、编织…今村曜子

雪花花样方形坐垫

清晰呈现雪花花样的美丽方形坐垫。先用条纹针编织成一个方形框，织入的花样就可以完成得很漂亮。

A

淡蓝色与白色的搭配显得很清爽，四角的流苏也是一道亮点。

B

编织方法…p.55　要点详解…p.7　设计、编织…今村曜子

雪花花样圆形坐垫

用颜色雅致的线编织而成的雪花花样圆形坐垫别有一番成熟风情。
传统的雪花图案也是一直受人喜爱的永不过时的花样。

雪花花样方形坐垫 作品…p.52 要点详解…p.5

＊ 所需材料

A **线** 藤久 VISTER COLORFUL MATE/52（本白色）…185g、62（红色）…75g

B **线** 藤久 VISTER COLORFUL MATE/81（淡蓝色）…185g、51（白色）…75g

其他 边长 8cm 的硬纸板…1 个

钩针 8/0 号针

完成尺寸 长 35cm × 宽 34cm

＊ 编织方法 A、B 通用

1 锁针 94 针起针，编织成方形框。
2 主体部分编织短针的条纹针的织入花样，前、后片相同（请参见 p.7"短针的条纹针的织入花样的编织方法"）。
3 起针一侧正面朝内以引拔针连接。编织终点一侧正面朝外以挑全针的卷针缝连接（请参见 p.4）。
4 制作流苏（请参见 p.5），接在图示指定位置。

主体部分

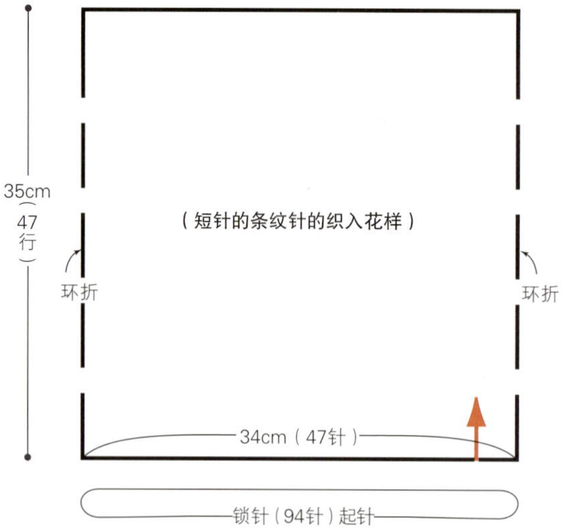

整理方法

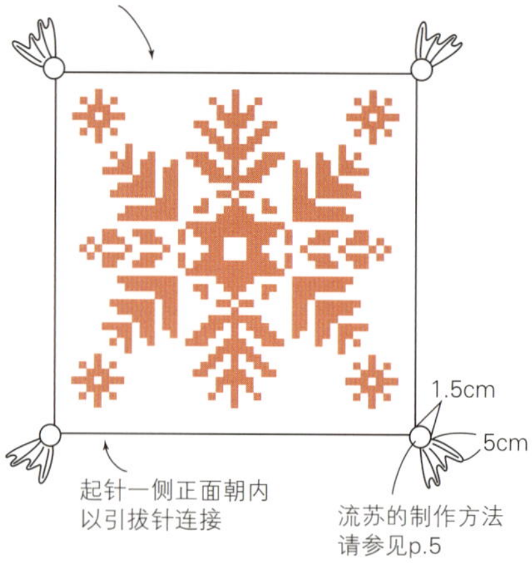

主体部分

※ 主体部分的前片和后片都进行相同的花样编织。
（短针的条纹针的织入花样的编织方法请参见p.7）

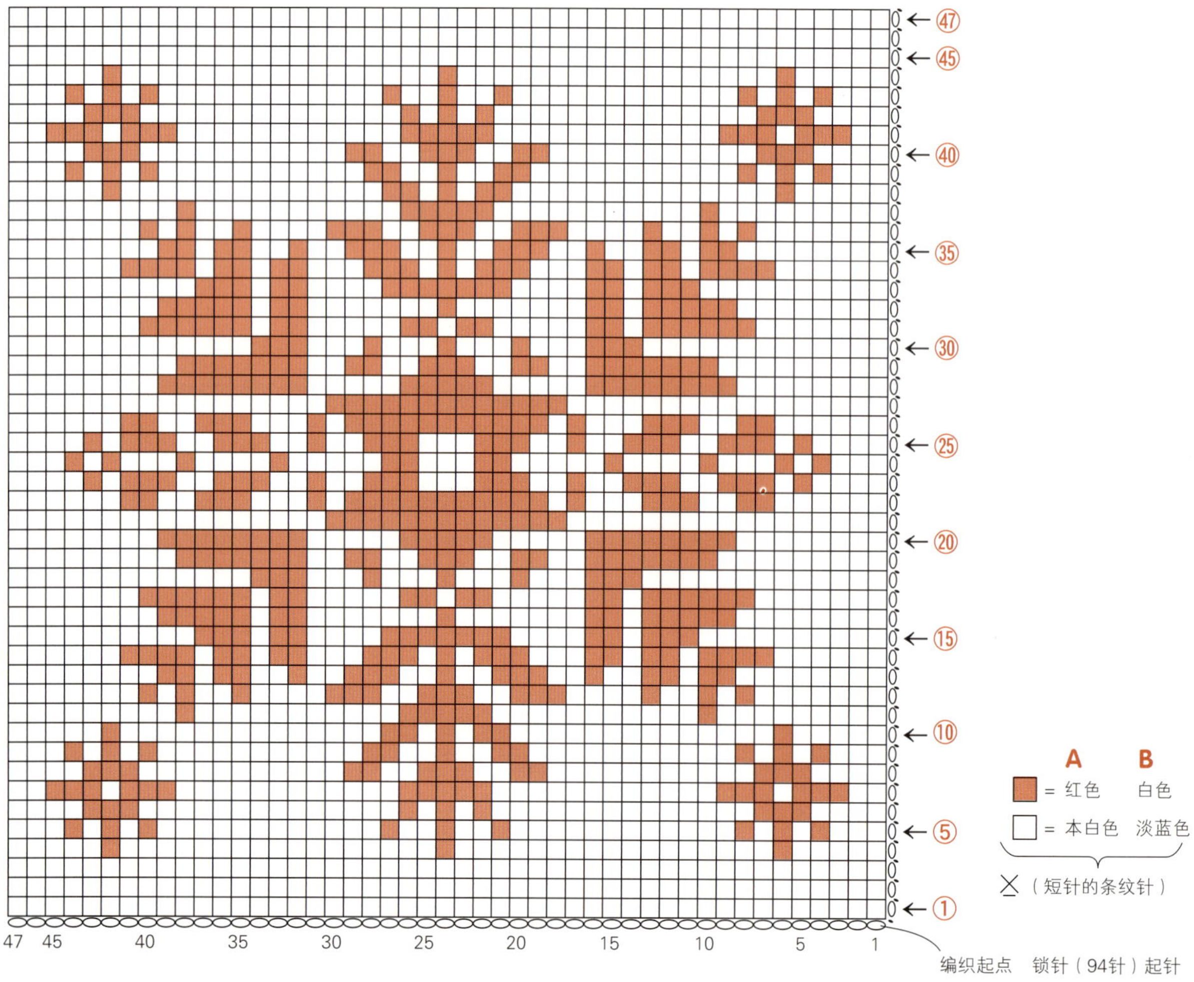

雪花花样圆形坐垫

作品…p.53　要点详解…p.7

* 所需材料

A 线　藤久　VISTER COLORFUL MATE/52（本白色）…120g、71（藏青色）…60g

B 线　藤久　VISTER COLORFUL MATE/68（灰色）…120g、51（白色）…60g

钩针　8/0号针

完成尺寸　直径36cm

* 编织方法　A、B通用

1 用线头环形起针，主体部分后片编织短针的条纹针，前片编织短针的条纹针的织入花样（请参见p.7）。

2 将前、后片主体部分正面朝外对齐，周围以挑半针的卷针缝连接（请参见p.4）。

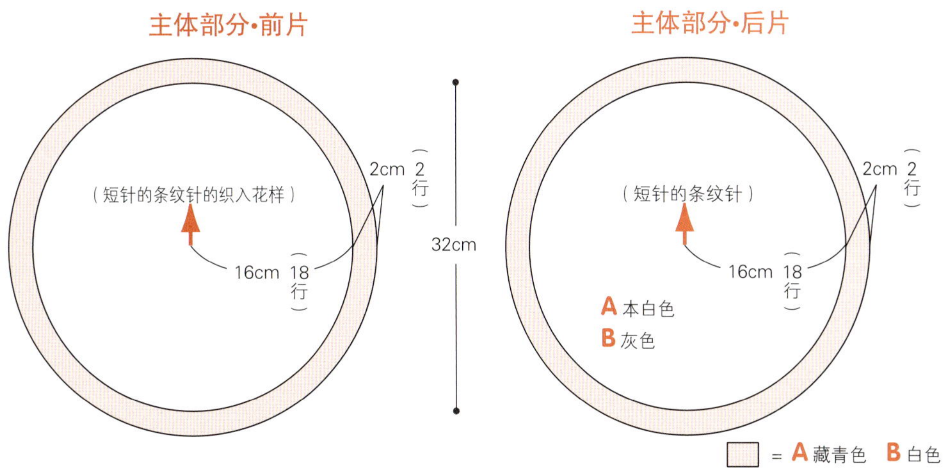

主体部分·前片

（短针的条纹针的织入花样的编织方法请参见p.7）

※ 编裹线织入。

主体部分·后片

（短针的条纹针）

※后片配色如下，按照相同方法编织。

1～18行：A 本白色　B 灰色

19、20行：A 藏青色　B 白色

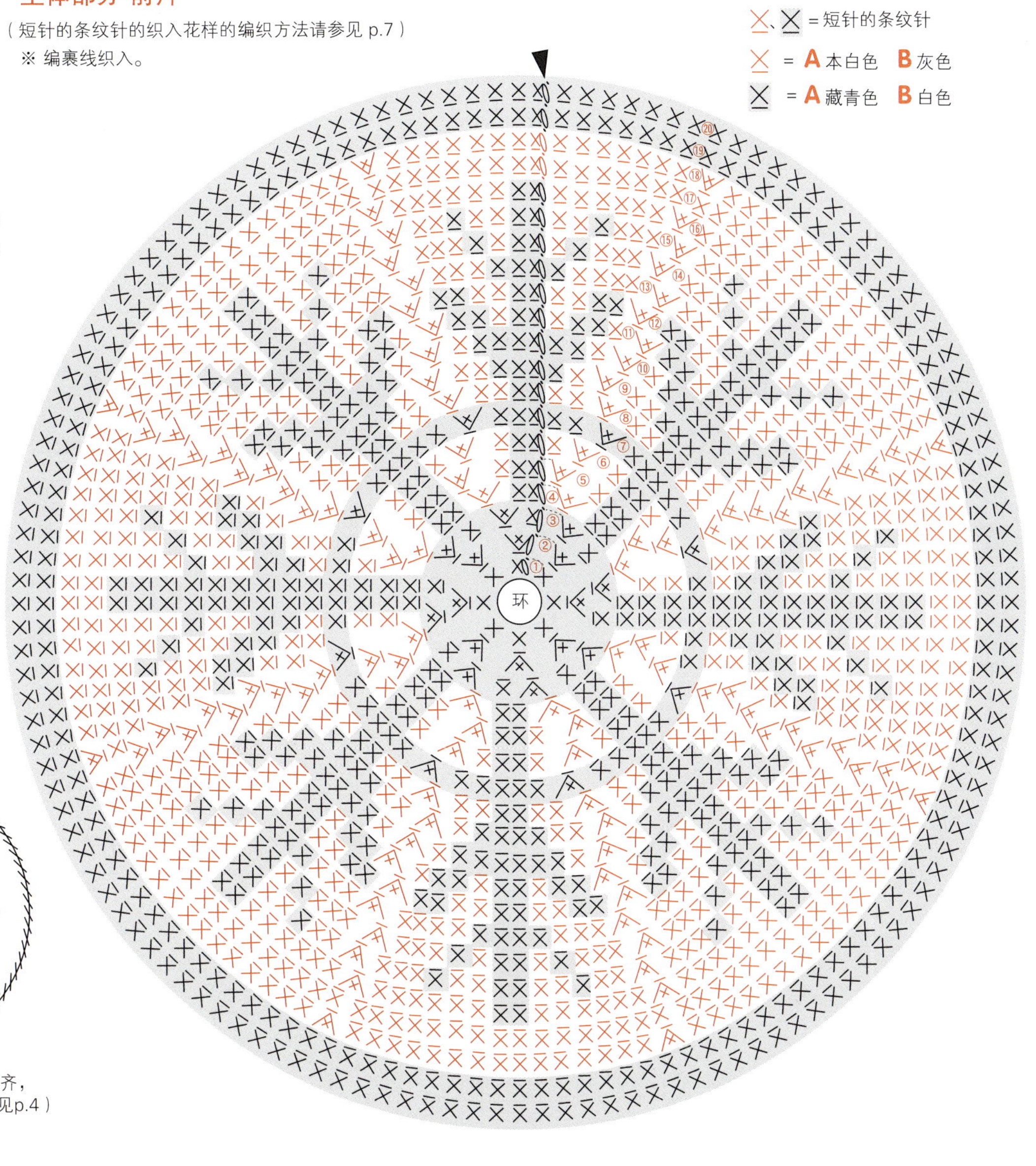

整理方法

将前、后片主体部分正面朝外对齐，周围以挑半针的卷针缝连接（请参见p.4）

材料指南

本书所用线的介绍（实物等大图片）

※ 根据国际汇率计算，1元人民币约合19日元。
汇率仅供参考，交易时以银行柜台成交价为准。

HAMANAKA（株）

1 HAMANAKABONY
聚酯纤维100%　50g线团　约60m　60色　钩针7.5/0号　330日元+税

藤久（株）

2 VISTER JOLLY TIME Ⅱ
聚酯纤维（抗菌防臭）100%　50g线团　约88m　29色　钩针6/0号　350日元+税

3 VISTER COLORFUL MATE
聚酯纤维（抗菌防臭）100%　50g线团　约60m　29色　钩针7/0号　330日元+税

横田（株）DARUMA手编线

4 井太
聚酯纤维100%　45g线团　约85m　29色　钩针7/0~8/0号　240日元+税

5 J COLORS
聚酯纤维100%　45g线团　约67m　25色　钩针8/0~10/0号　260日元+税

* 各种线的说明文字依次为材质、规格、线长、色数、适合针、价格。
* 色数、价格均为2013年11月标准。
* 由于印刷品的特殊性，线的颜色与标记的色号可能会存在色差。

* 有关用线的详情请咨询：

HAMANAKA株式会社
电话 075-463-5151
邮编 616-8585 京都市右京区花园薮下町2番地3
官网 http://www.hamanaka.co.jp

藤久株式会社
电话 0120-478020（免费电话）
邮编 465-8511 名古屋市名东区高社一丁目210番地
官网 http://www.crafttown.jp/
※ 有关藤久株式会社毛线的相关销售方式请咨询：
shugale（电话销售）　电话 0120-081000（免费电话）
邮编 465-8555 名古屋市名东区猪子石二丁目1607番地
官网 http://www.shugale.com/

横田株式会社 DARUMA手编线
电话 06-6251-2183
邮编 541-0058 大阪市中央区南久宝寺町2-5-14
官网 http://www.daruma-ito.co.jp/

要点详解

雏菊花形坐垫 作品…p.36 编织方法…p.38

＊花瓣的编织方法

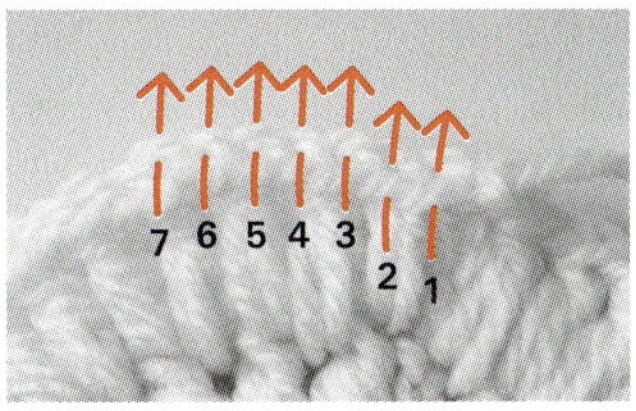

1 花瓣的第 1 行，按照箭头所示方向，最开始的 2 针要将内侧的半针挑起，之后的 5 针要将外侧的半针挑起后再编织。

2 编织 3 针立起的锁针和 1 针长针，图为内侧半针上编织完最开始的 2 针的状态。

3 剩下的 5 针也要参见步骤 1 的箭头所示方向，在外侧的半针内入针编织长针。图为花瓣第 1 行编织完的状态。

4 图为编织完 1 片花瓣的状态。

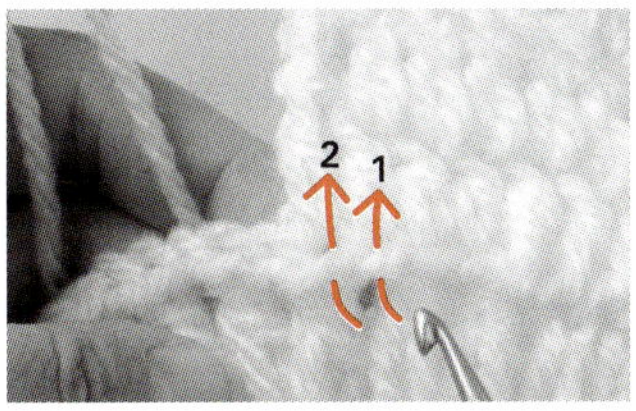

5 第 2 片花瓣第 1 行的最开始 2 针要按照箭头所示方向将第 1 片花瓣边缘 2 针的内侧半针挑起后再编织。

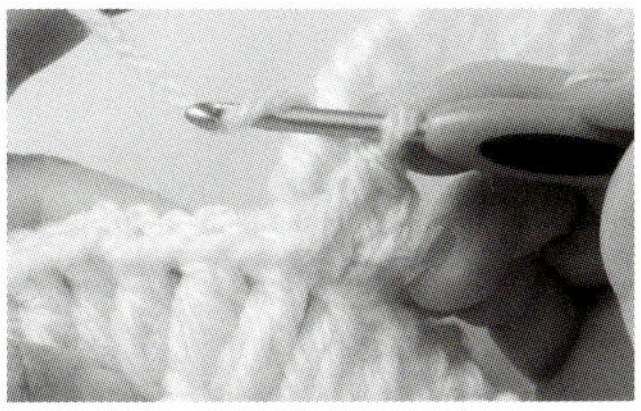

6 图为第 2 片花瓣第 1 行最开始的 2 针编织完的状态。要重叠在第 1 片花瓣前方编织。

7 剩下的 5 针同步骤 1 将外侧半针挑起后再编织。图为第 2 片花瓣第 1 行编织完的状态。

8 编织到第 2 片花瓣的第 4 行后，将线暂时脱针，看着织片的反面，在第 1 片花瓣第 4 行的立起的锁针第 3 针内入针，再将针挂上脱落的线圈，按照箭头所示方向引出。

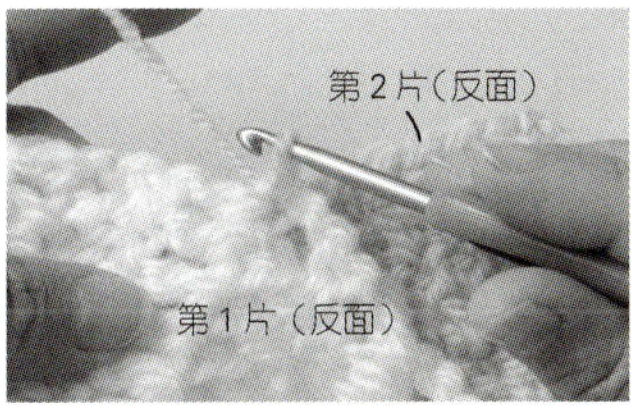

9 在针上挂线，编织引拔针。图为第 2 片花瓣与第 1 片花瓣相连的状态。

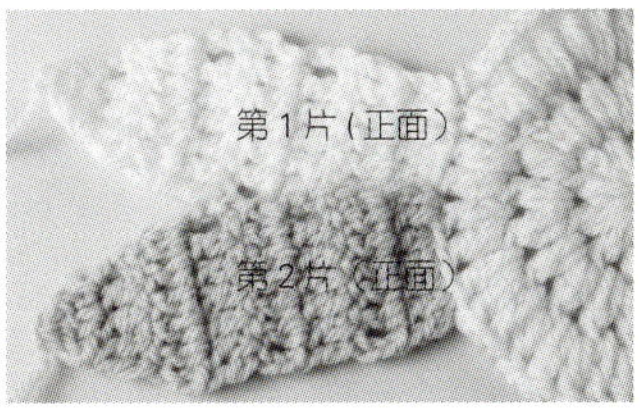

10 图为继续编织第 2 片花瓣完成的状态。重复步骤 5～10，编织到倒数第 2 片花瓣。

11 最后 1 片花瓣的第 1 行，最开始的 5 针同步骤 1 挑针后再编织，最后的 2 针按照箭头所示方向将第 1 片花瓣最开始的 2 针的外侧半针挑起后再编织。

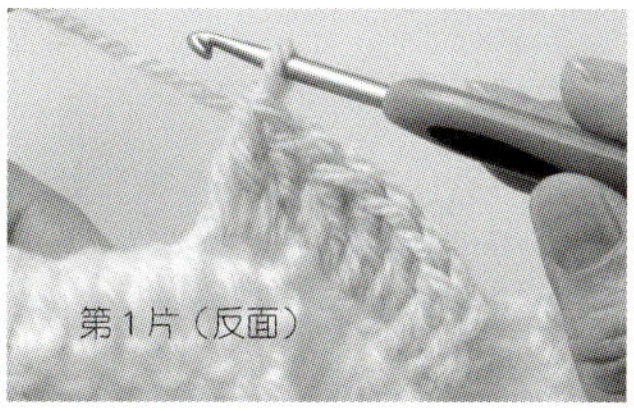

12 编织最后的 2 针，图为最后 1 片花瓣的第 1 行编织完的状态。要重叠在第 1 片花瓣的后面进行编织。

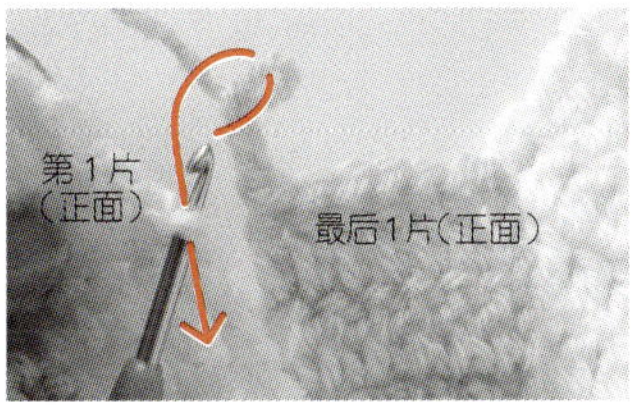

13 最后 1 片花瓣第 3 行编织完后，编织第 4 行立起的 3 针锁针，然后将线暂时脱针，看着织片正面，在第 1 片花瓣第 4 行最后的长针的头针处入针，再将针挂上脱落的线圈，按照箭头所示方向引出。

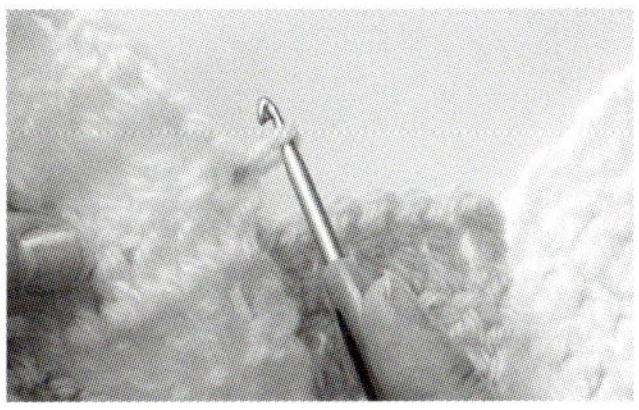

14 图为线引出的状态。在针上挂线后编织引拔针，最后 1 片花瓣要与第 1 片花瓣相连接。

15 最后 1 片花瓣的第 4 行最后 1 针编织完后，参照步骤 8、9，与前一片花瓣连接后继续编织，第 5 行最后 1 针，要将第 1 片花瓣倒至内侧，在第 4 行立起的锁针第 3 针上编织。

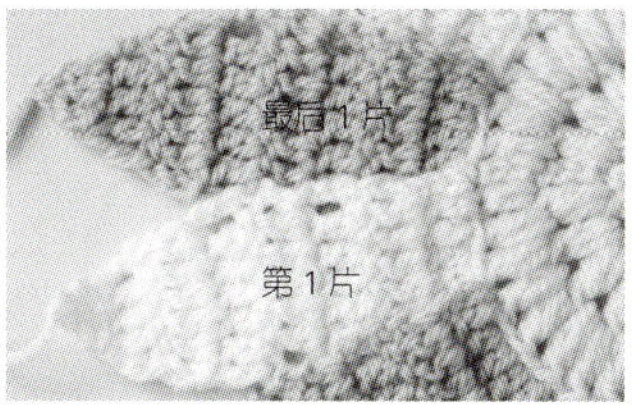

16 全部花瓣编织完的状态。

大丽菊花形坐垫　作品…p.25

＊ 所需材料

A 线　藤久　VISTER COLORFUL MATE/62（红色）…190g、76（深红色）…70g、55（深黄色）…5g

B 线　藤久　VISTER COLORFUL MATE/53（浅黄色）…190g、87（黄色）…70g、55（深黄色）…5g

钩针　7/0号针

完成尺寸　直径38cm

＊ 编织方法　A、B通用

1　用线头环形起针，编织基底。

2　将基底的条纹针所剩的内侧半针挑起，将花瓣接在基底的各行上编织（请参见p.4"在基底的花片上编织花瓣的方法"）。

基底

（短针、长针的条纹针）

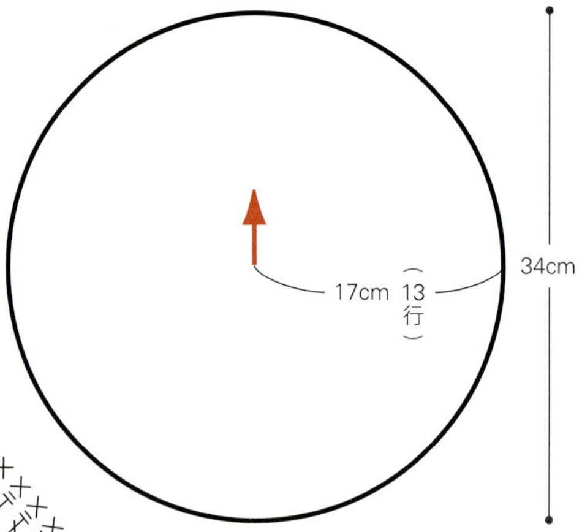

基底

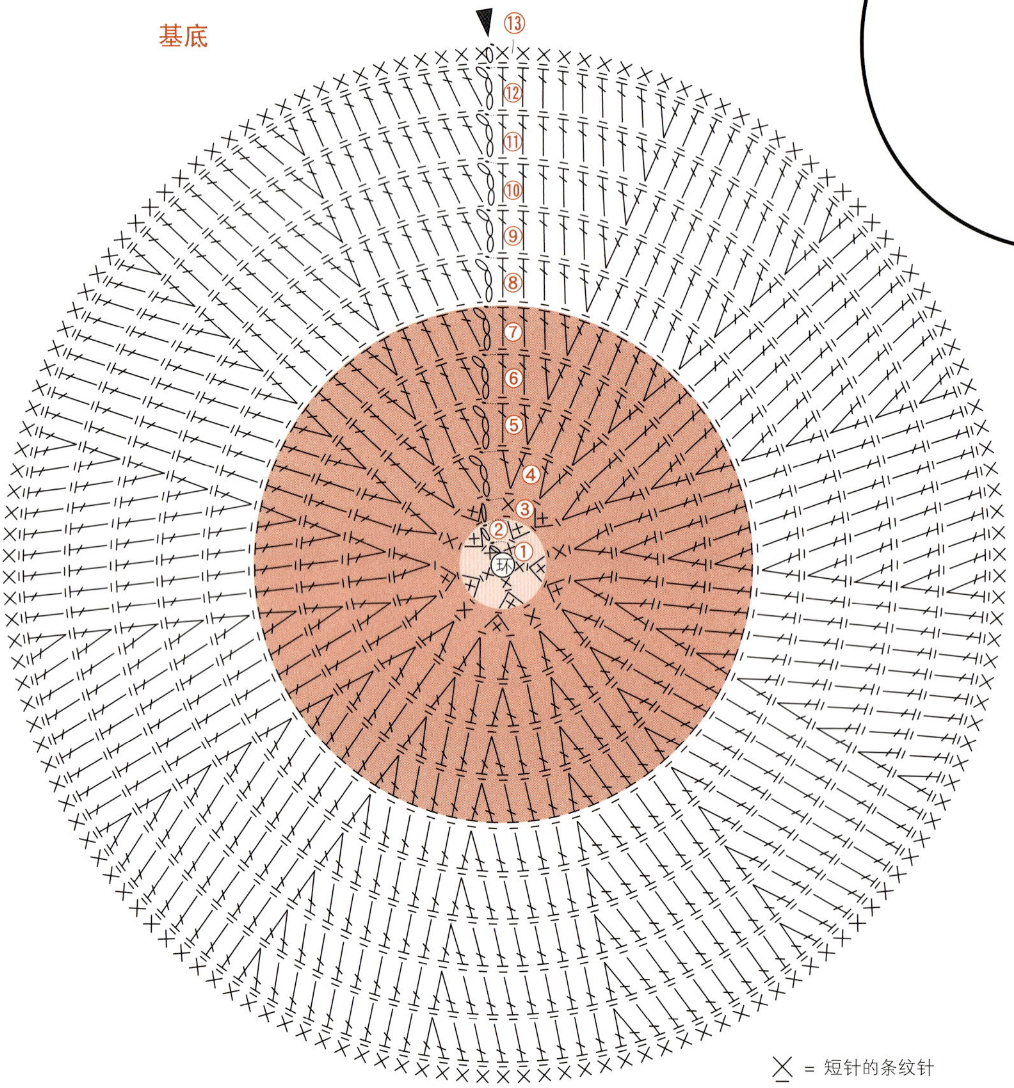

= 短针的条纹针

= 长针的条纹针

基底的配色

	A	B
8～13行	红色	浅黄色
3～7行	深红色	黄色
1、2行	深黄色	深黄色

基底的加针数

行数	针数	加针数
13行	150针	无加减针
12行	150针	每行加针15针
11行	135针	
10行	120针	
9行	105针	
8行	90针	
7行	75针	
6行	60针	
5行	45针	
4行	30针	
3行	15针	每行加针5针
2行	10针	
1行	5针	

花瓣

※花瓣，要将基底的条纹针所剩的内侧半针挑起后，再接在基底的各行上继续编织（请参见p.4“在基底的花片上编织花瓣的方法”）。
※在每行接线。

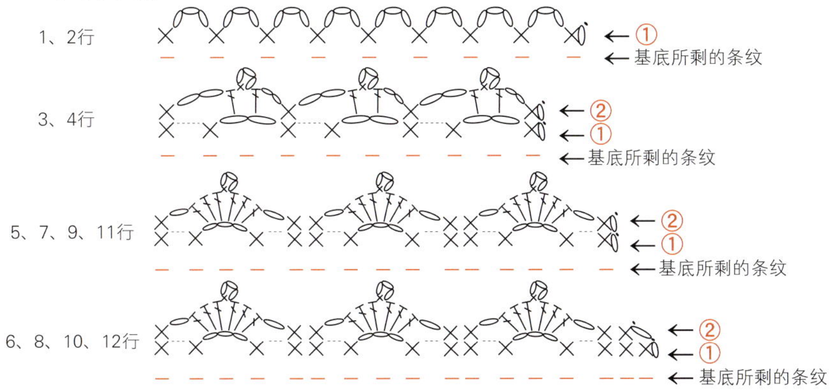

花瓣的配色

	A	B
8～12行	红色	浅黄色
3～7行	深红色	黄色
1、2行	深黄色	深黄色

花瓣的编织位置

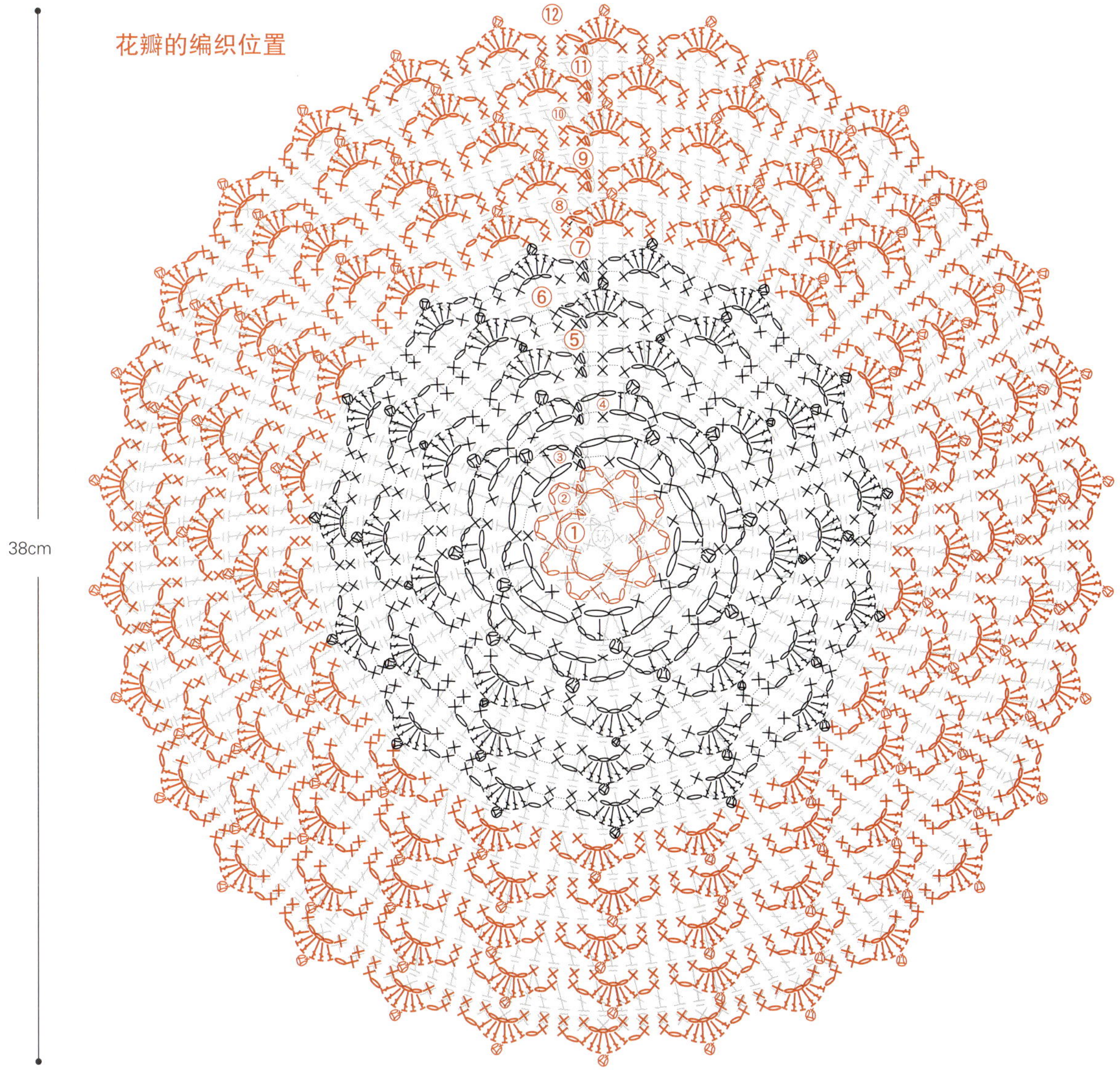

钩针编织基础

＊ 看符号图的方法

符号图都是以从正面所见来表示的，且全部使用日本工业规格（JIS）所规定的针法符号。钩针编织不分上针、下针（拉针除外），要交替看着正、反两面编织的平针其表示符号也一样。

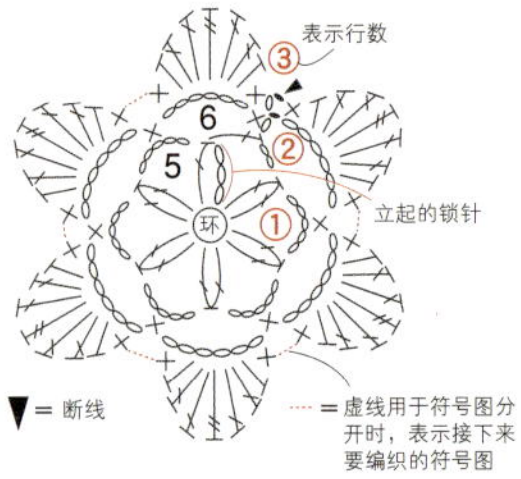

从中心开始环形编织时

在中心部分编织一个环（或者锁针环），要像画圆一样逐行编织。每行的起针处都是先编织立起的锁针。一般都是看着织片的正面，再对照符号图从右往左编织。

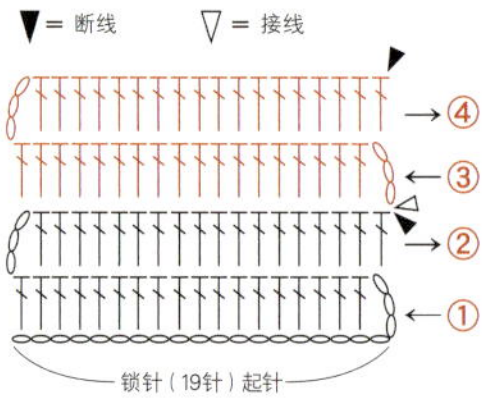

平针编织时

其特点是左右轮流编织立起的锁针。当在右侧编织立起的锁针时，要看着织片的正面，对照符号图从右往左编织。当在左侧编织立起的锁针时，要看着织片的反面，对照符号图从左往右编织。左图为从第 3 行换成配色线的符号图。

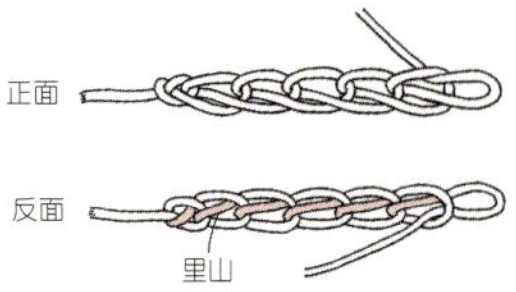

看锁针的方法

锁针有正、反面之分。反面正中的一根渡线称为锁针的“里山”。

＊ 手握针线的方法

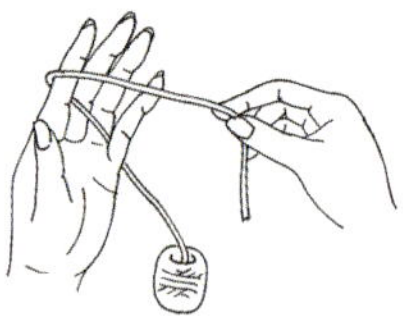

1

从左手的小指与无名指之间穿过线后，挂在食指上拉住线头。

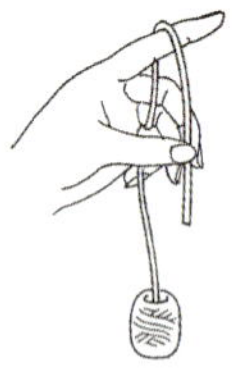

2

用拇指与中指捏住线头，竖起食指将线架起。

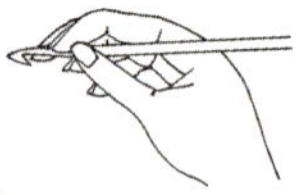

3

用右手的拇指与食指握针，针头轻抵中指。

＊ 起基本针的方法

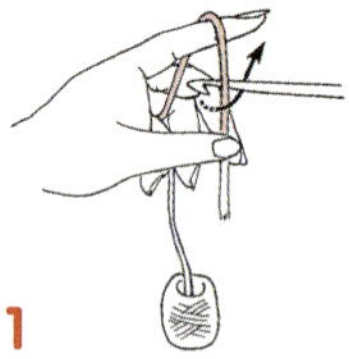

1

从线的内侧插入钩针，按照箭头所示方向转动针头。

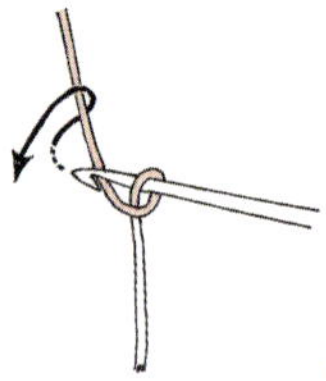

2

再将线挂在针头上。

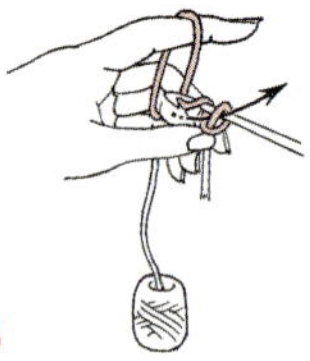

3

将挂线从钩针上的线圈中引出。

4

拉动线头，收紧线圈，就完成了基本针（这一针不计入针数）。

＊ 起针

从中心开始环形编织时（用线头做圆环）

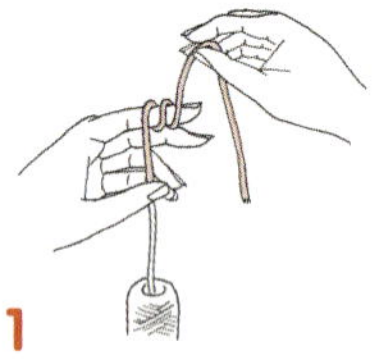

1

将线在左手的食指上绕 2 圈形成环。

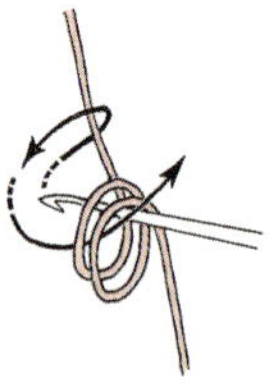

2

将环从手指上脱出，在环中心插入钩针，挂线后引出。

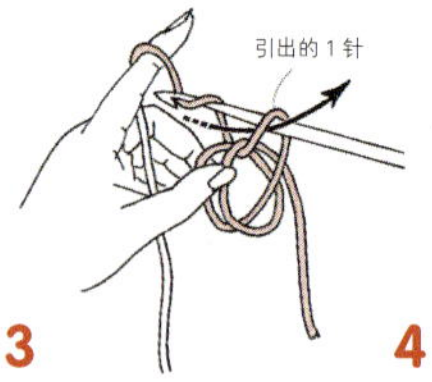

3

再次挂线后引出，编织 1 针立起的锁针。

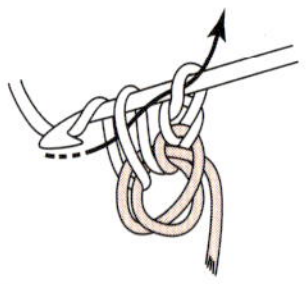

4

编织第 1 行时，在环中心插入钩针，挂线后引出，然后编织所需针数的短针。

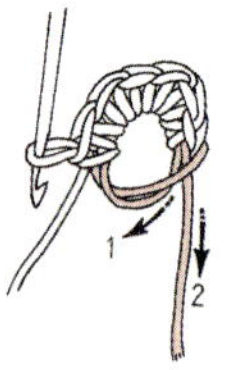

5

暂时将针抽出，拉动最开始的线环的线（1）和线头（2），将环拉紧。

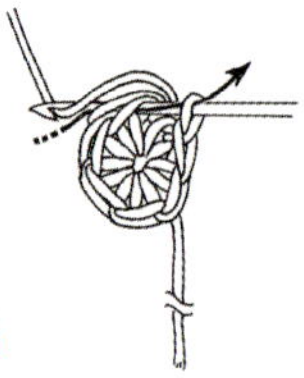

6

第 1 行要完成时，在最开始的短针的头针处入针，挂线后引出。

从中心开始环形编织时（用锁针做圆环）

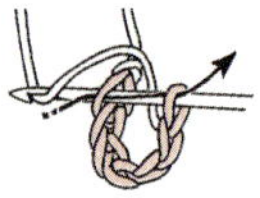

1

按所需针数编织锁针，在最开始的锁针的半针处入针，挂线后引出，形成圆环。

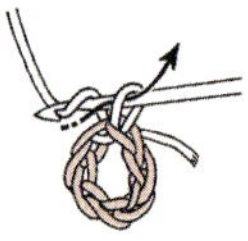

2

再次在钩针上挂线后引出，编织立起的锁针。

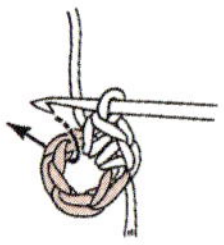

3

编织第 1 行时，将钩针插入圆环中，将锁针成束挑起，编织所需针数的短针。

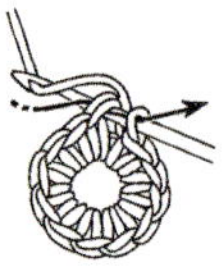

4

第 1 行要完成时，在最开始的短针的头针处入针，挂线后引出即可。

平针编织时

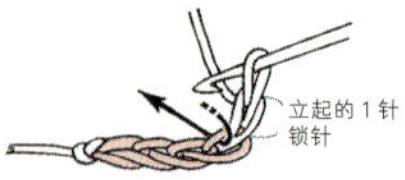

1

编织所需针数的锁针和立起的锁针，如图从一端的第 2 针锁针处入针，挂线后引出。

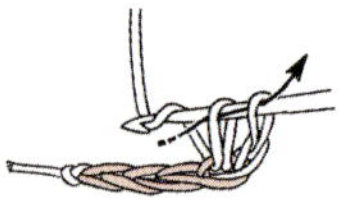

2

在钩针上挂线，按照箭头所示方向引拔出线。

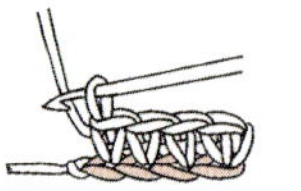

3

第 1 行完成的状态（立起的 1 针锁针不计入针数）。

＊ 挑前一行针目的方法

即使是同一种枣形针，符号图不同，挑针的方法也会不同。如果符号图下方是闭合的，则要织入前一行的 1 个针目里；如果符号图下方是开放的，则要将前一行的锁针成束挑起再编织。

织入 1 个针目里

1

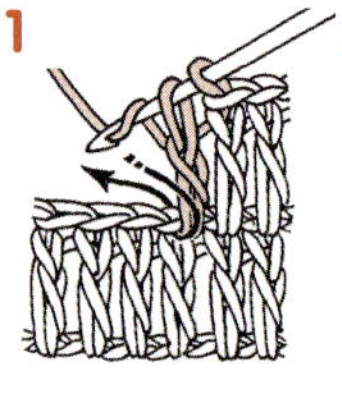

2

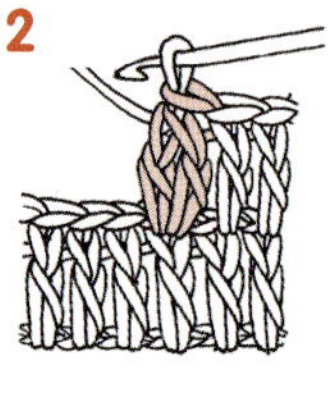

将锁针成束挑起再编织

1

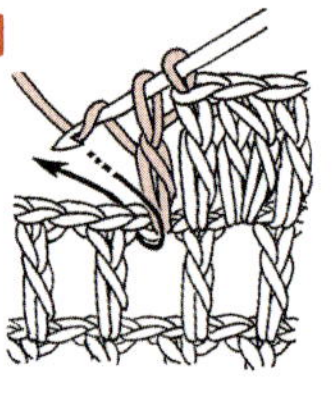

2

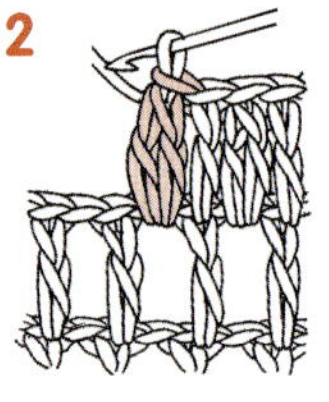

＊ 编织符号

锁针

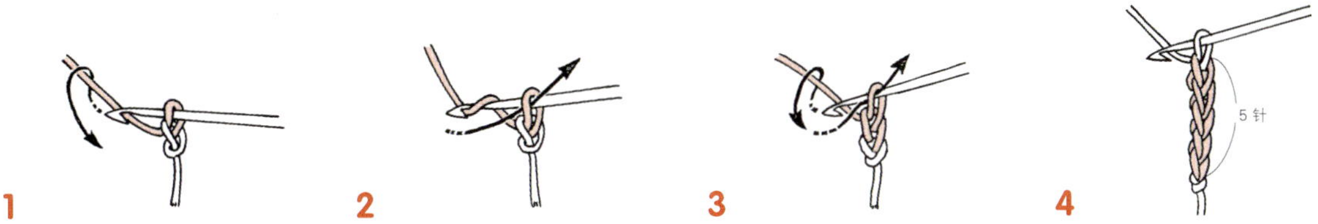

1 编织基本针后，在钩针上挂线。

2 引出挂线，完成 1 针锁针。

3 重复步骤 1 和步骤 2，继续编织。

4 完成 5 针锁针。

引拔针

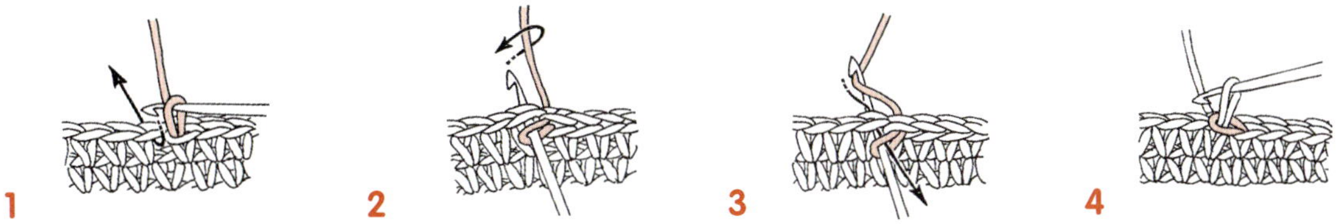

1 从前一行的针目中入针。

2 在钩针上挂线。

3 将线一次性引拔出。

4 完成 1 针引拔针。

短针

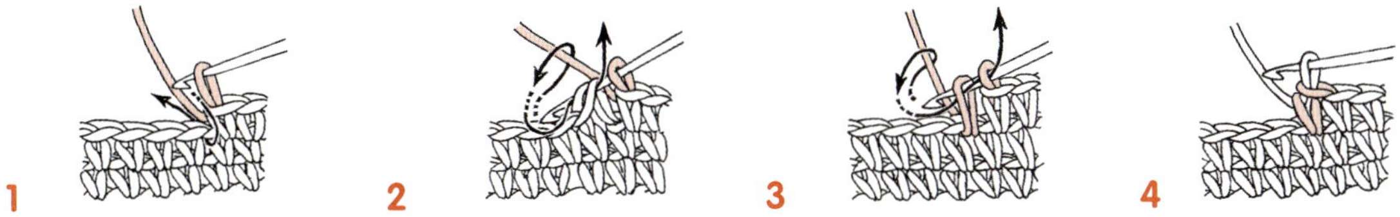

1 从前一行的针目中入针。

2 在针上挂线，按照箭头所示从线圈中引拔出线（称为未完成的短针）。

3 再次在针上挂线，从钩针上 2 个线圈中一起引拔出线。

4 完成 1 针短针。

中长针

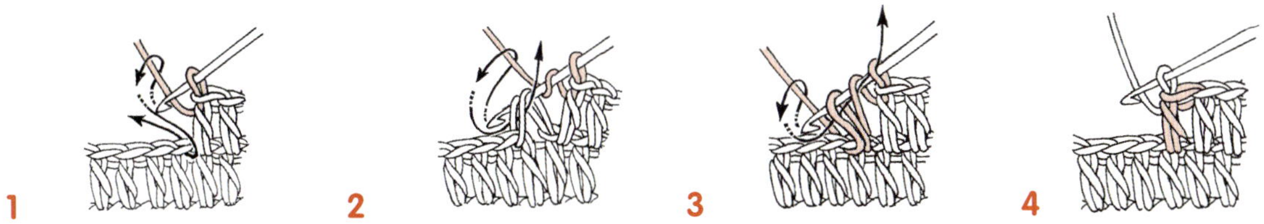

1 先在钩针上挂线，再从前一行的针目中入针。

2 再次在针上挂线后引出（称为未完成的中长针）。

3 再次挂线，从钩针上 3 个线圈中一起引拔出线。

4 完成 1 针中长针。

长针

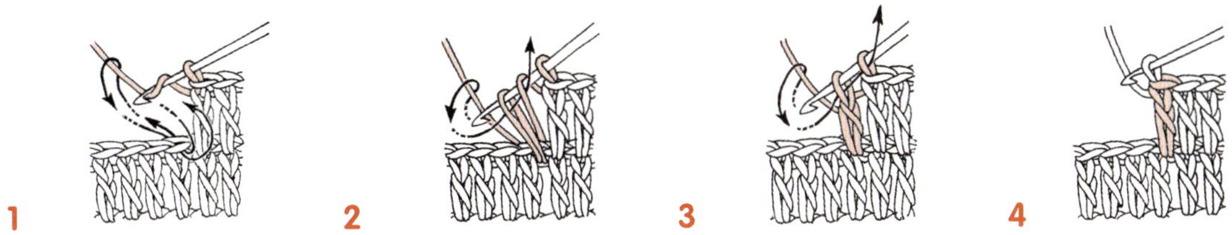

1 先在钩针上挂线，然后从前一行的针目中入针，再次挂线后引出。

2 按照箭头所示在针上挂线后，仅从钩针上 2 个线圈中引拔出线（称为未完成的长针）。

3 再次在针上挂线后，从钩针上剩余的 2 个线圈中按照箭头所示引拔出线。

4 完成 1 针长针。

长长针

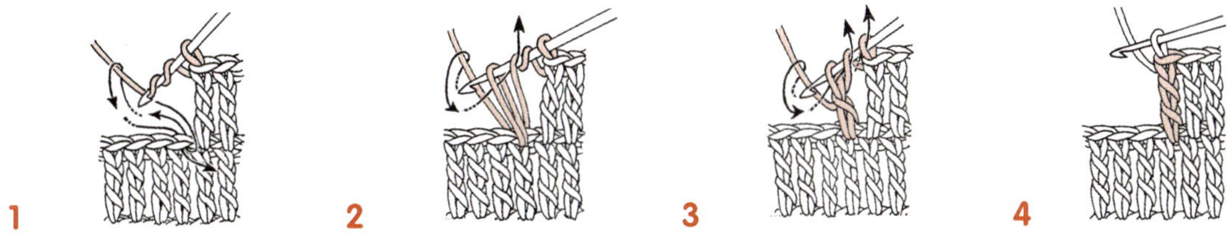

1 在钩针绕线 2 圈，从前一行的针目中入针，挂线后引出。

2 按照箭头所示在针上挂线，仅从钩针上 2 个线圈中引拔出线。

3 步骤 2 重复 2 次（第 1 次完成时称为未完成的长长针）。

4 完成 1 针长长针。

短针 2 针并 1 针

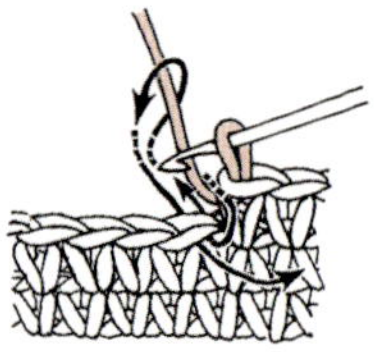

1 按照箭头所示从前一行的 1 针中入针，在针上挂线后引出。

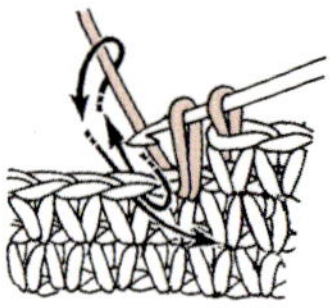

2 下一针也按照相同方法挂线后引出。

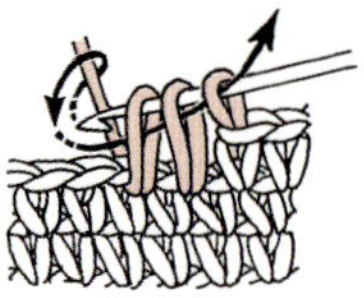

3 在针上挂线，从钩针上 3 个线圈中一起引拔出线。

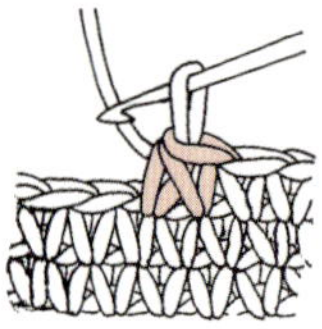

4 短针 2 针并 1 针完成。图为比前一行少 1 针的状态。

短针 1 针放 2 针

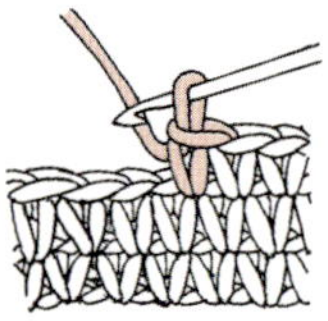

1 编织 1 针短针。

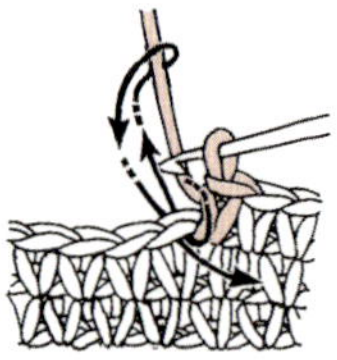

2 在同一针目中再次入针，挂线后引出。

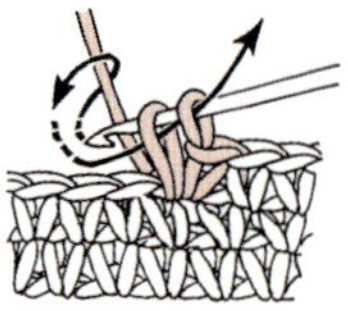

3 在针上挂线，从钩针上 2 个线圈中一起引拔出线。

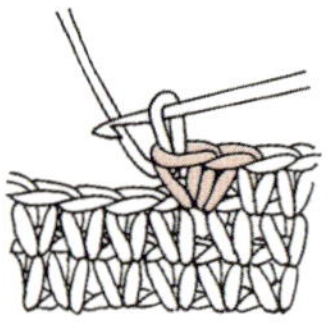

4 在前一行的 1 针里织入了 2 针短针。图为比前一行多 1 针的状态。

短针 1 针放 3 针

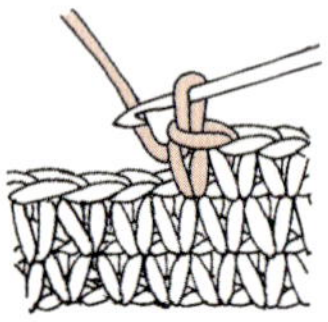

1 编织 1 针短针。

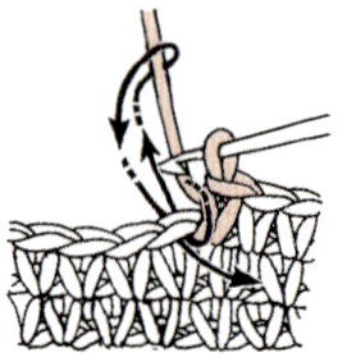

2 在同一针目中再次入针，挂线后引出，编织短针。

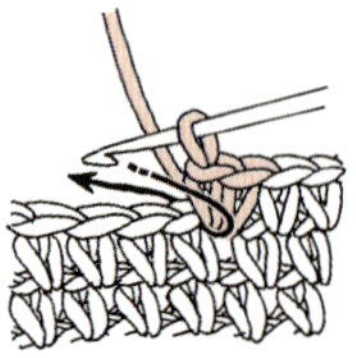

3 在同一针目里再编织 1 针短针。

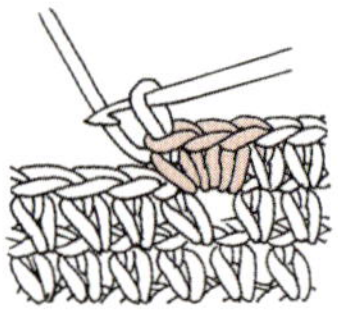

4 在前一行的 1 针里织入了 3 针短针。图为比前一行多 2 针的状态。

长针 2 针并 1 针

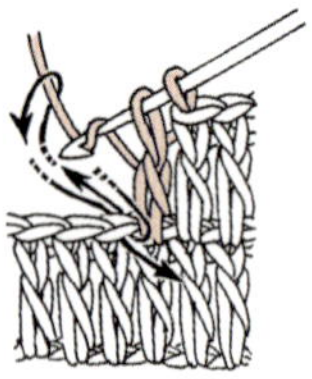

1 在前一行的 1 针里编织 1 针未完成的长针，挂线后按照箭头所示在下一个针目中入针，再次挂线后引出。

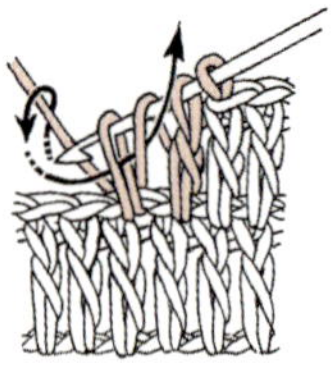

2 在针上挂线，仅从钩针上 2 个线圈中引拔出线，编织第 2 针未完成的长针。

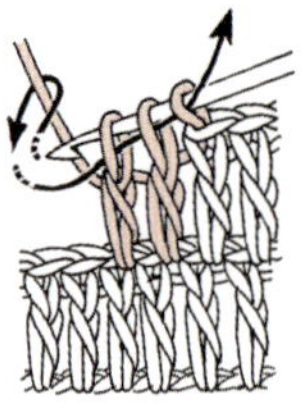

3 在针上挂线，按照箭头所示从钩针上 3 个线圈中一起引拔出线。

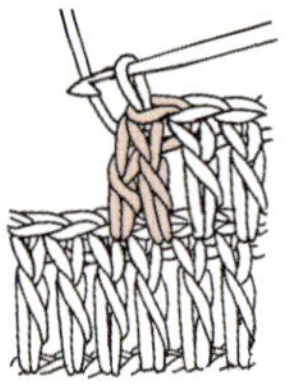

4 长针 2 针并 1 针完成。图为比前一行少 1 针的状态。

长针 1 针放 2 针

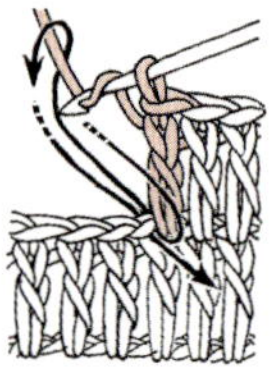

1 在前一行的针目里编织 1 针长针，挂线后将钩针插入同一针目中，再次挂线后引出。

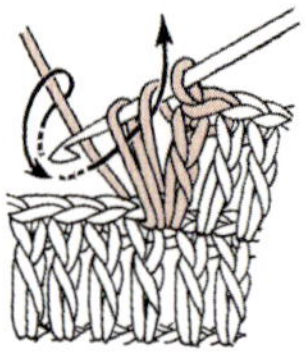

2 在针上挂线，从钩针上 2 个线圈中引拔出线。

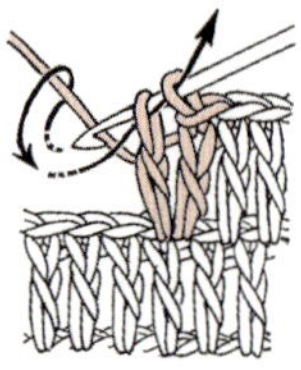

3 再次在针上挂线，从钩针上剩余的 2 个线圈中引拔出线。

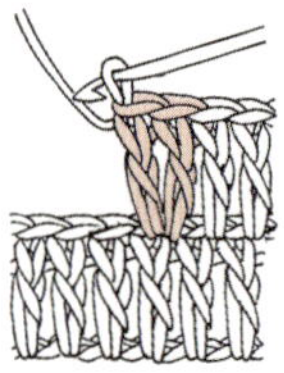

4 在 1 针里织入了 2 针长针。图为比前一行多 1 针的状态。

锁针 3 针的狗牙拉针

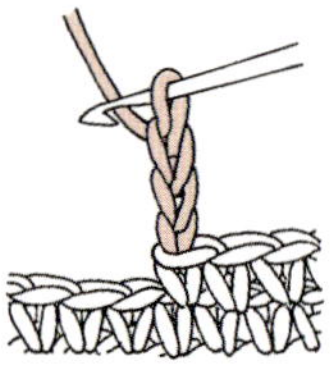

1 编织 3 针锁针。

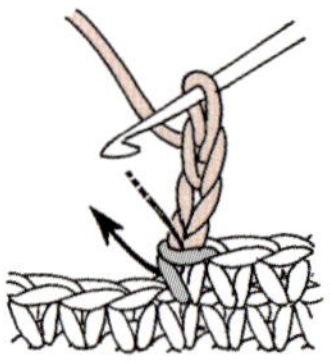

2 在短针头针的半针和尾针 1 根线中入针。

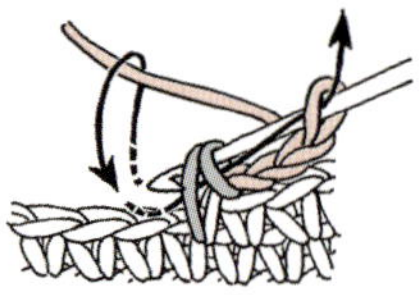

3 在针上挂线，按照箭头所示一次性引拔出线。

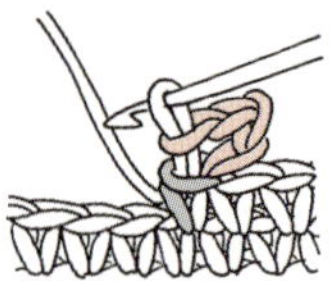

4 完成锁针 3 针的狗牙拉针。

长针3针的枣形针

中长针3针的枣形针

※ 括号内为中长针3针的枣形针的编织方法。

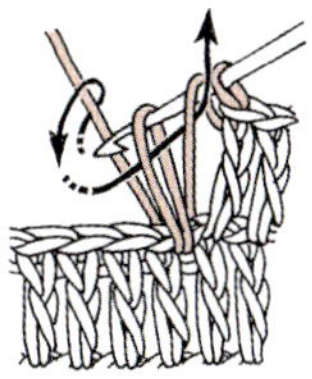

1 在前一行的针目里编织1针未完成的长针（中长针）。

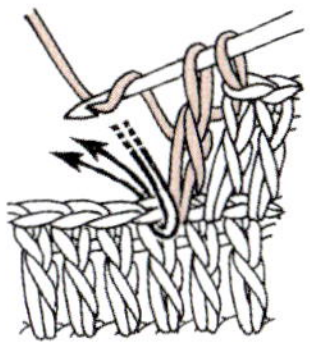

2 在同一针目中入针，继续编织2针未完成的长针（中长针）。

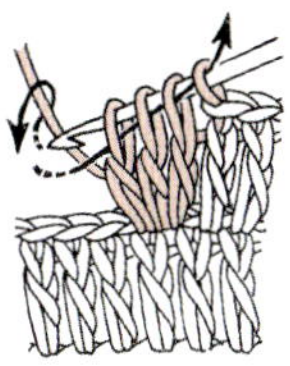

3 在针上挂线，从钩针上4（7）个线圈中一起引拔出线。

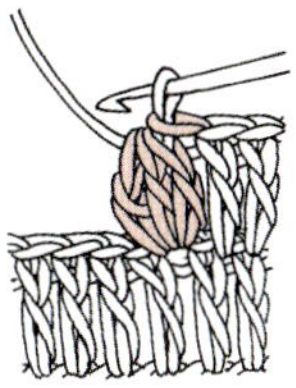

4 完成长针3针的枣形针。

长针5针的爆米花针

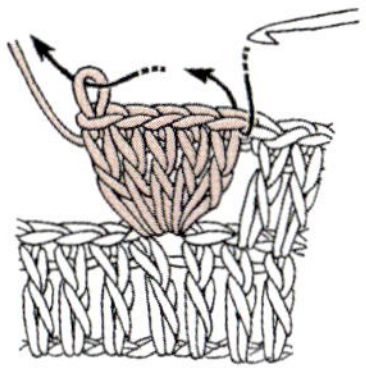

1 在前一行的同一个针目里编织5针长针，暂时脱针，再按照箭头所示重新入针。

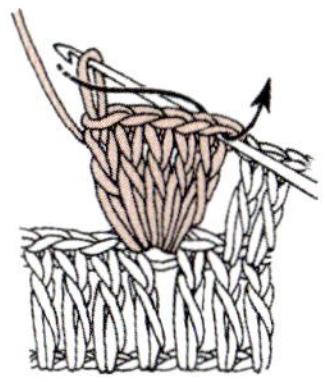

2 按照箭头所示将线圈直接引拔穿出。

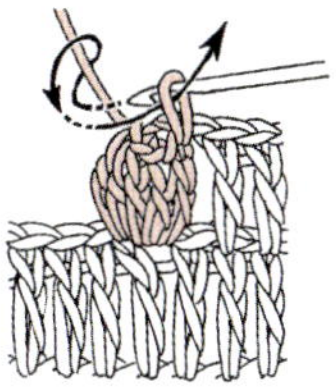

3 再编织1针锁针，引拔拉紧线。

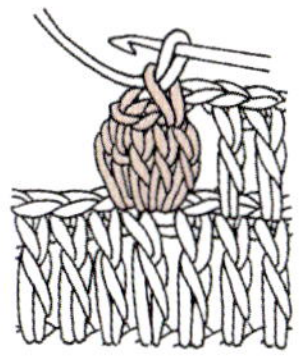

4 完成长针5针的爆米花针。

变化的中长针2针的枣形针

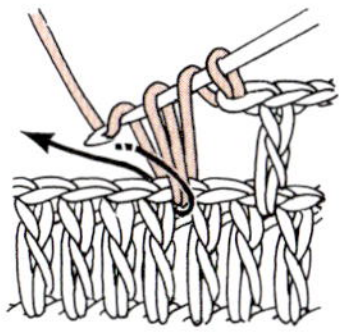

1 在前一行的同一个针目里编织2针未完成的中长针。

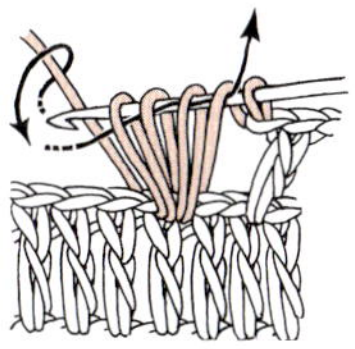

2 在针上挂线，从钩针上4个线圈中引拔出线。

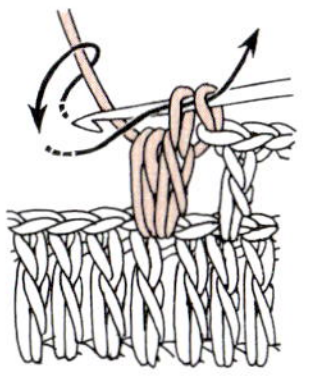

3 再次在针上挂线，从钩针上剩余的2个线圈中引拔出线。

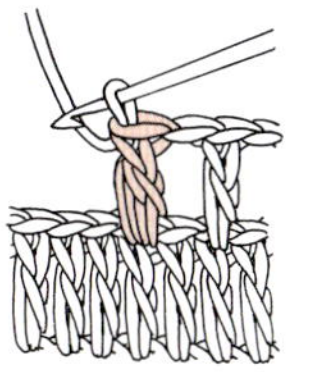

4 完成变化的中长针2针的枣形针。

短针的条纹针

※ 短针以外的符号表示的条纹针，也要以相同方法将前一行外侧的半针挑起后再编织指定的符号。

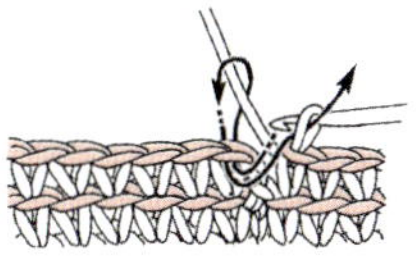

1 看着每行的正面编织。按照箭头所示方向绕转一圈后编织短针，从钩针上最开始的针目中引拔出。

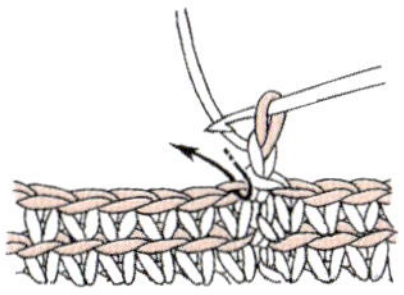

2 编织1针立起的锁针，将前一行外侧的半针挑起，编织短针。

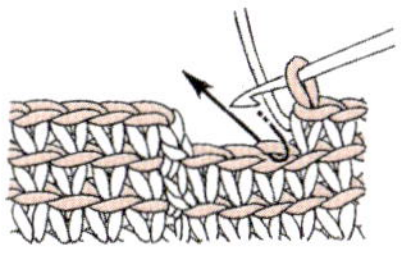

3 重复步骤2，继续编织短针。

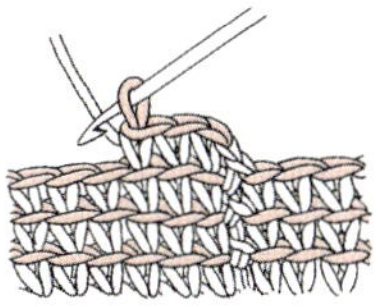

4 前一行剩下的内侧的半针连在一起形成了条纹的样子。图为编织第3行短针的条纹针的状态。

短针的菱形针

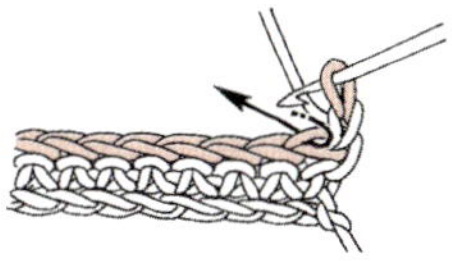

1 按照箭头所示从前一行针目外侧的半针中入针。

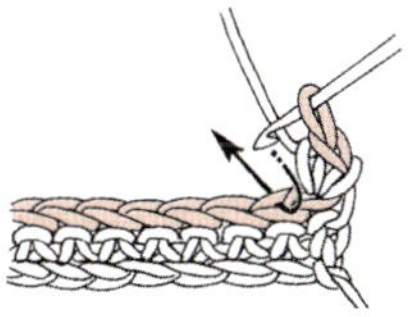

2 编织短针，下一针也同样从外侧的半针中入针。

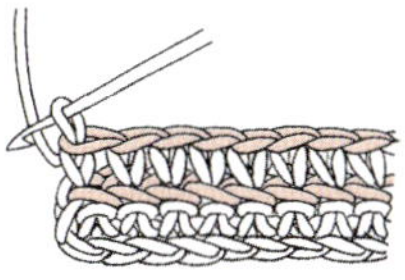

3 编织完一行，要变换织片方向。

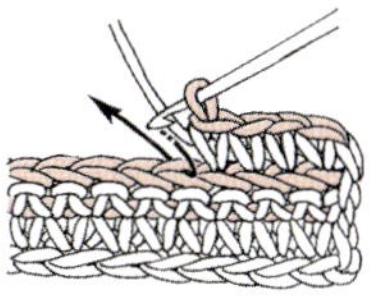

4 重复步骤1和步骤2，从外侧的半针中入针编织短针。

长针的
正拉针

※ 往返编织看着反面编织时，编织反拉针。
※ 长针以外的符号表示的正拉针，也要以相同方法在步骤 1 按照箭头所示方向入针，再编织指定的符号。

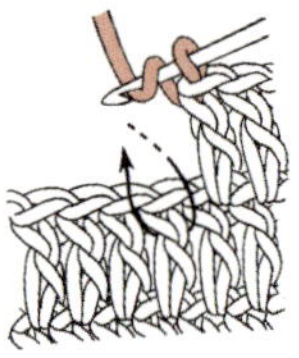

1 在针上挂线，按照箭头所示从前一行长针的尾针前侧入针。

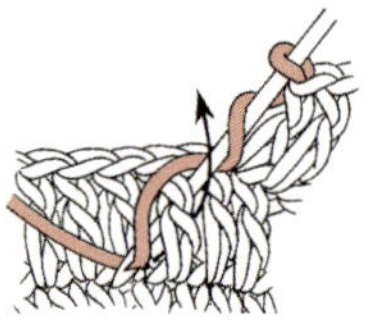

2 在针上挂线，将线拉得稍长一点，按照箭头所示引拔出线。

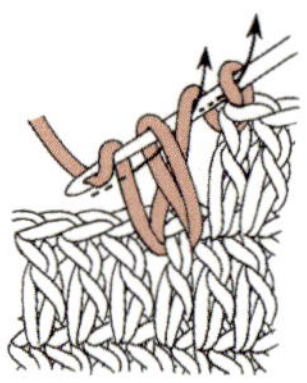

3 再次挂线后，从钩针上 2 个线圈中引拔出线。再次在针上挂线，一次引拔穿过剩余的 2 个线圈。

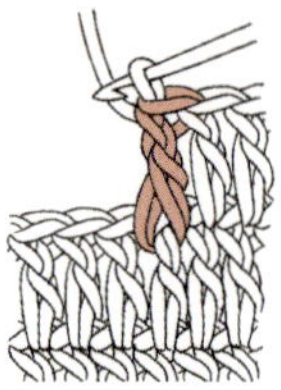

4 完成长针的正拉针。

长针的
反拉针

※ 往返编织看着反面编织时，编织正拉针。
※ 长针以外的符号表示的反拉针，也要以相同方法在步骤 1 按照箭头所示方向入针，再编织指定的符号。

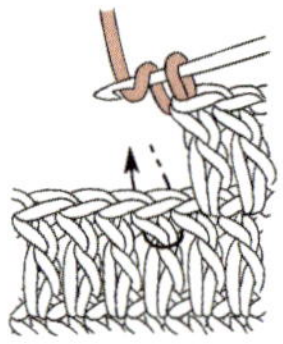

1 在针上挂线，按照箭头所示从前一行长针的尾针后侧入针。

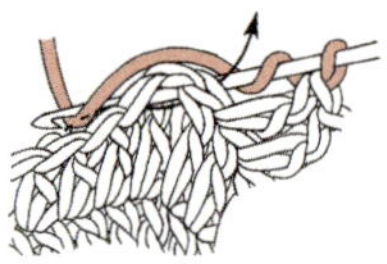

2 在针上挂线，按照箭头所示拉到织片的另一面后引拔出线。

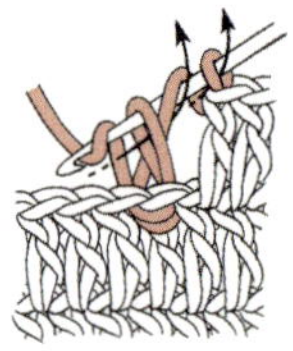

3 将线稍微拉长，再次挂线后，从钩针上 2 个线圈中引拔出线。再次在针上挂线，一次引拔穿过剩余的 2 个线圈。

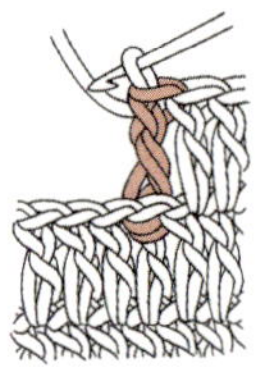

4 完成长针的反拉针。

挑针订缝

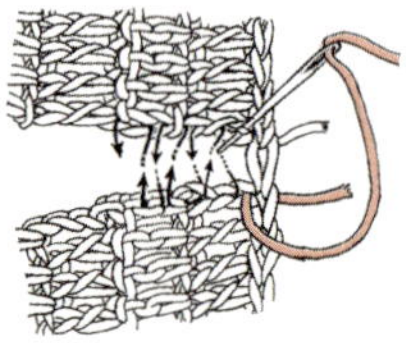

1 将织片正面朝上如图对齐，在起针端的针目中入针。分辨出织片边缘的针目，按照箭头所示方向入针，再交错挑针。

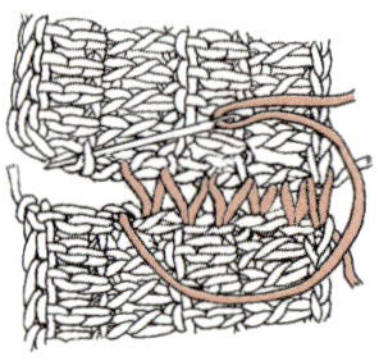

2 谨慎订缝，注意不要错行。

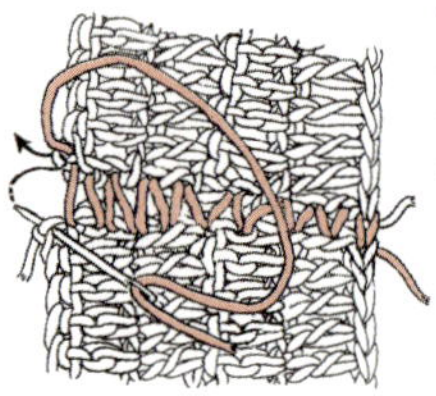

3 一边缝，一边拉紧，注意避免缝线外露。结束端再入针 2 次加固。

⋆ 刺绣基础

直针绣

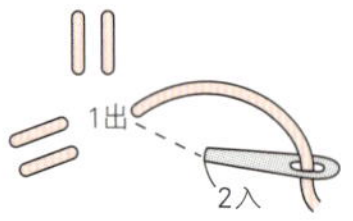

⋆ 其他基础索引

・卷针缝连接… p.4

・短针连接… p.4

・流苏的制作方法… p.5

・短针的条纹针的织入花样的编织方法… p.7